太行山区野生蘑菇图鉴

（第一卷）

第一篇 担子菌／第二篇 子囊菌

王术荣　常明昌　孟俊龙　著

化学工业出版社

·北京·

内容简介

本书选取了太行山区常见的233种野生大型真菌，其中担子菌219种、子囊菌14种，包含伞菌纲、银耳纲、锤舌菌纲、盘菌纲、粪壳菌纲5个纲16个目，对每个物种均详细介绍了宏观特征、微观特征、生境、分布和食药用价值等。全书图文并茂，含有数百幅野生蘑菇精美图片，鉴赏性很强；文字简练、通俗易懂。

本书对食用菌、药用菌生产企业，研究人员，高校食品、生物、种植等专业师生具有重要的参考价值，也可以作为野生生物科普爱好者的良好读物。

图书在版编目（CIP）数据

太行山区野生蘑菇图鉴．第一卷 / 王术荣，常明昌，孟俊龙著．—北京：化学工业出版社，2023.12

ISBN 978-7-122-44310-6

Ⅰ．①太…　Ⅱ．①王…　②常…　③孟…　Ⅲ．①太行山－山区－野生植物－蘑菇－图集　Ⅳ．① Q949.3-64

中国国家版本馆 CIP 数据核字（2023）第 194072 号

责任编辑：邵桂林　　文字编辑：药欣荣

责任校对：杜杏然　　装帧设计：溢思视觉设计／姚艺

出版发行：化学工业出版社（北京市东城区青年湖南街 13 号　邮政编码 100011）

印　　装：盛大（天津）印刷有限公司

850mm×1168mm　1/32　印张 $15\frac{1}{2}$　字数 354 千字　2024 年 4 月北京第 1 版第 1 次印刷

购书咨询：010-64518888　　售后服务：010-64518899

网　　址：http://www.cip.com.cn

凡购买本书，如有缺损质量问题，本社销售中心负责调换。

定　　价：128.00 元

前言

种质资源是育种创新的基础，深入开展野生食用菌在内的大型真菌种质资源的收集和鉴定工作，才能加快建成品类齐全、储备丰富的种质资源库，提升大规模资源鉴定和基因挖掘的能力，形成一批有国际竞争力的食用和药用大型真菌种质和基因资源。我国野生食药用大型真菌资源调查和保护目前面临较多问题。生物物种资源家底不清，调查和编目任务繁重，生物多样性监测和预警体系尚未建立，生物多样性投入不足，管理保护水平有待提高，基础科研能力较弱，应对生物多样性保护新问题的能力不足，这些突出问题都极大限制了食药用菌资源的研究，严重影响了种质资源的保护和利用。我国的食药用菌资源调查工作明显不足，甚至最基本的问题如某个地点或保护区食药用菌物种的大概数量都难以回答。因此，系统地研究食药用菌多样性、物种组成和生态特点，对研究其在生态系统中的作用以及整个生态系统的发展意义深远，对加强我国食药用菌资源的认识、保护和利用具有重要现实意义。

太行山在山西的部分北起桑干河，蜿蜒南下至陵川，向东南则延伸至中条山东端的芮城县，含57个县，面积一亿八千万亩。太行山南北绵延数百公里，加上海拔高差大，最低处在山西省南部黄河谷地，仅有245米，而山脉的最高处（五台山主峰）达3058米。纬度和海拔的差异，造成山西省太行山区寒暖、干湿变化悬殊，因而分布的植物和食药用大型真菌种类较丰富，不仅分布着耐寒冷的种类，也有一些喜温湿的亚热带物种出现。

针对太行山区野生大型真菌物种资源家底不清的现状，笔者于2015年到2022年历时8年，在该区开展大型真菌标本采集、物种鉴定和生态学研究。本书主要介绍了该区常见的233种野生大型真菌，含担子菌219种、子囊菌14种，每个物种以宏观、微观特征集要和原生境照片为素材。希望本书可为山西省乃至全国大型真菌资源的研究和开发利用提供基础资料。

本书前言、目录、担子菌的大部分、子囊菌部分、参考文献由王术荣编写（约25.2万字），多孔菌目和红菇目由常明昌编写（约5.2万字），牛肝菌目和锈革孔菌目由孟俊龙编写（约5万字），最后由王术荣统稿。感谢山西农业大学李步高副校长、食品科学与工程学院张立新院长对相关研究工作的肯定和支持。感谢山西农业大学食用菌科技创新团队的老师和研究生协助整理材料。感谢研究生郭富宽、原渊、刘淑琴、王静怡、金铭、任新辉、朱慧慧等协助采集、整理标本。同时，感谢在标本采集过程中山西省各市（县、区）农业农村局、保护区管理局、林场和一些向导们对大型真菌种质资源普查和收集工作的协助，在此一并致谢。由于时间原因，书稿疏漏之处在所难免，恳请读者理解、指正。

本书的编著和出版得到了山西省农业农村厅种业管理处、科技教育处，省科技厅现代农业科技处和省教育厅的支持。

著者

2023年8月

目录

第二篇 子囊菌门Ascomycota 441

太行山区野生蘑菇图鉴（第一卷）

第一篇

担子菌门

Basidiomycota

第一章
伞菌纲 Agaricomycetes

第一节 蘑菇目 Agaricales

一、蘑菇科 Agaricaceae

1. 球基蘑菇
Agaricus abruptibulbus Peck.

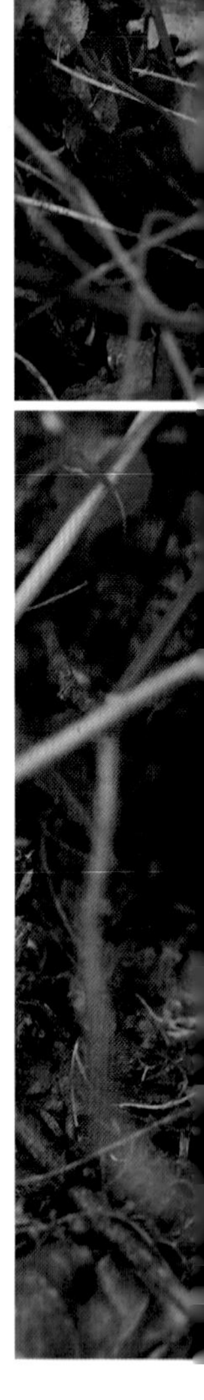

宏观特征：菌盖宽4～12cm，初期近卵形或扁半球形，后期近扁平，表面白色至浅黄白色，平滑，伤处呈污黄色，边缘附有菌幕残片。菌肉白色或带微黄色，厚。菌褶密，离生，初期污白色至粉灰红色，后期紫黑褐色。菌柄长5～16cm，粗1～2.5cm，近圆柱形，稍弯曲，白色，触摸处呈污黄，中空，基部膨大近球形。菌环膜质，白色，其下面呈放射状排列的棉絮状物，生于菌柄上部。

微观特征：孢子（5.5～7.5）μm ×（4.0～5.0）μm，椭圆形，深褐色。

生境：夏、秋季散生或群生于针阔混交林地上或林缘草地上。

分布：亚洲、欧洲和北美洲。

食药用价值：可食用，稍具有茴香味。

2. 北京蘑菇

Agaricus beijingensis R.L. Zhao, Z.L. Ling & J.L. Zhou

宏观特征：菌盖宽3.5～11cm，扁半球形，后平展，表面干燥，覆有鳞片，最初是深灰棕色，然后是棕色，最后呈浅棕色。菌肉白色。菌褶密，离生，起初呈白色，然后呈粉色，最后呈深棕色。菌柄长4.5～7cm，粗0.5～1.5cm，圆柱形，基部稍微膨大，菌环上方白色，菌环下方带黄色，有鳞片。菌环生菌柄上部，白色，双层。

微观特征：孢子（6.0～8.0）μm ×（4.0～5.0）μm，椭圆形，壁厚，棕褐色。

生境：夏、秋季单生或散生于阔叶林或灌木林地上。

分布：亚洲。

食药用价值：尚不明确。

3. 双孢蘑菇

Agaricus bisporus (J.E. Lange) Imbach

宏观特征：菌盖宽4～10cm，半球形后平展，表面光滑，白色，略干渐变黄色，边缘初期内卷。菌肉白色，厚，伤后变淡红色。菌褶密，离生，初期粉红色，后变褐色。菌柄长4.5～9cm，粗1.5～3.5cm，圆柱形，近白色，光滑。菌环白色，膜质，生菌柄中部，易脱落。

微观特征：孢子（6.0～8.0）μm ×（5.0～6.0）μm，椭圆形，壁厚，黄褐色。

生境：夏、秋季生于草地、牧场和堆肥处。

分布：亚洲、欧洲、北美洲和大洋洲。

食药用价值：食用菌，味道鲜美。

4. 大肥蘑菇

Agaricus bitorquis (Quél.) Sacc.

宏观特征：菌盖宽5.5～18cm，初期半球形，后扁半球形，顶部平或下凹，白色，后变为暗黄色、淡粉灰色到深蛋壳色，中部色较深，边缘内卷，无鳞片。菌肉白色，厚，紧密，伤略变淡红色，变色较慢。菌褶稠密，离生，初期白色，后变粉红色到黑褐色。菌柄短，粗壮，长4.5～8.5cm，粗1.5～3.5cm，近圆柱形，白色，中实。菌环双层，白色，膜质，生菌柄中部。

微观特征：孢子（6.0～7.5）μm ×（5.5～6.0）μm，宽椭圆形至近球形，褐色。

生境：夏、秋季单生或散生于草地上。

分布：亚洲、欧洲、南美洲、北美洲和大洋洲。

食药用价值：食用菌。

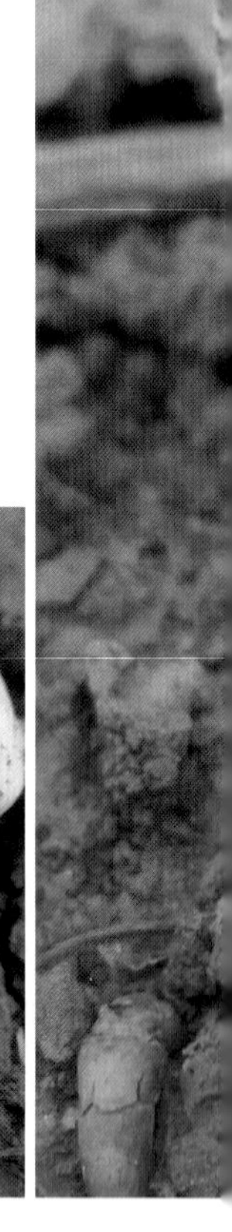

5. 类吉姆蘑菇

Agaricus gemloides M.Q. He & R.L. Zhao

宏观特征：菌盖宽1～3.5cm，幼时中间较凸，后平展，白色至浅棕色，表面干燥。菌肉白色或浅棕色，较厚。菌褶离生，粉棕色。菌柄长1.5～7.5cm，粗0.2～0.7cm，圆柱形，中空，表面白色至浅黄棕色。菌环位于菌柄上部，上方光滑，下方纤维状，膜质，白色。

微观特征：孢子（4.5～6.0）μm ×（3.5～4.0）μm，椭圆形或宽椭圆形，棕色。

生境：夏、秋季单生、散生或群生于土壤或林地上。

分布：亚洲。

食药用价值：尚不明确。

6. 丛毛蘑菇

Agaricus moelleri Wasser

宏观特征：菌盖宽3～6cm，初期为半球形，后期渐平展，白色，表面有褐色鳞片。菌肉乳白色，伤时变黄。菌褶离生，粉白色。菌柄长5～12cm，粗0.5～1cm，圆柱形，基部膨大。菌环上位。

微观特征：孢子（5.0～7.0）μm ×（3.5～4.0）μm，椭圆形，褐色。

生境：夏、秋季单生或群生于落叶阔叶林地或草地上。

分布：亚洲、欧洲和北美洲。

食药用价值：胃肠炎型毒蘑菇。

7. 中国双环蘑菇

Agaricus sinoplacomyces P. Callac & R.L. Zhao

宏观特征：菌盖宽4～10cm，初锥形，后中凸至平展，有时中央下凹，表面具有纤维状鳞片，中央深褐色至近黑色，边缘色淡。菌肉白色。菌褶密，离生，褐色。菌柄长5～10cm，粗0.5～2.0cm，白色，圆柱形，基部膨大。菌环上位，膜质，上表面白色，下表面淡黄白色。

微观特征：孢子（6.0～7.0）μm ×（3.0～5.0）μm，椭圆形，黄褐色。

生境：夏、秋季单生或散生于阔叶林地上。

分布：世界广泛分布。

食药用价值：尚不明确。

8. 西藏蘑菇

Agaricus tibetensis J.L. Zhou & R.L. Zhao

宏观特征：菌盖宽2.5～5.5cm，初期半圆形，成熟时变成凸面或平面，覆盖有灰色至深棕色紧贴或稍微内折的鳞状细胞，致密，盘处呈壳状，深棕色至黑棕色，逐渐向边缘间隔，有时开裂。菌肉白色。菌褶密集，离生，粉红色、灰棕色至棕色。菌柄长8～12cm，粗0.5～1.5cm，圆柱形，基部膨大成球茎状，表面白色，干燥，中空。菌环上位，上部光滑白色，下部白色至浅灰色，光滑或略絮状。

微观特征：孢子（6.0～7.0）μm ×（4.0～5.0）μm，椭圆形，棕色。

生境：秋季单生或群生于阔叶林或针叶林地上。

分布：亚洲。

食药用价值：尚不明确。

9. 肉褐环柄菇

Lepiota brunneoincarnata Chodat & C. Martín

宏观特征： 菌盖宽2.5～6cm，近锥形或钟形，表面有同心环排列的褐色鳞片，白色至污白色。菌肉白色。菌褶离生，白色至乳白色，不等长。菌柄长4～9cm，粗0.5～1.5cm，圆柱状，基部明显膨大。

微观特征： 孢子（6.5～9.0）μm ×（4.0～5.0）μm，长椭圆形，无色。

生境： 夏、秋季单生或群生于阔叶林或针阔混交林地上。

分布： 亚洲、欧洲和非洲。

食药用价值： 有剧毒，胃肠炎型、急性肝损伤型、呼吸循环衰竭型毒蘑菇。

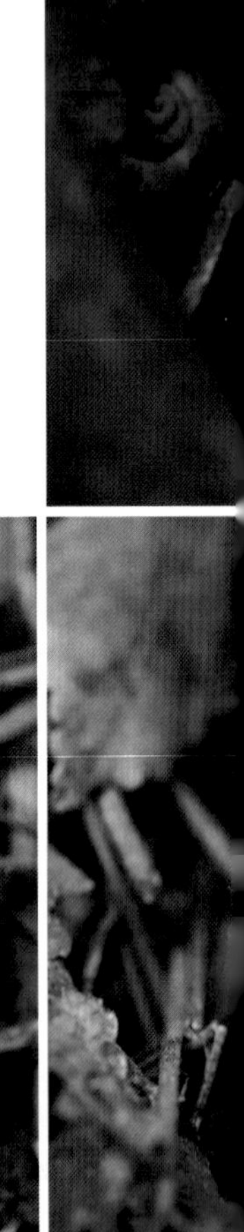

10. 盾形环柄菇

Lepiota clypeolaria (Bull.) P. Kumm.

宏观特征：菌盖宽3～10cm，伞状，边缘外卷，表面有微小鳞片，乳白色至黄白色，中部色深。菌肉白色，薄。菌褶较密，离生，白色至肉粉色。菌柄长6～8cm，粗0.5～2cm，圆柱状，白色，基部稍膨大。菌环位于菌柄上部，可移动。

微观特征：孢子（14～17）μm ×（4.5～5.5）μm，梭形，无色。

生境：夏、秋季单生或群生于针叶林或针阔混交林中腐殖质上。

分布：亚洲、欧洲和北美洲。

食药用价值：尚不明确，有报道有毒。

11. 冠状环柄菇

Lepiota cristata (Bolton) P. Kumm.

宏观特征：菌盖宽2～6.5cm，初期半球形，成熟后较平展，中央具钝的红褐色光滑突起，白色至污白色，被红褐色至褐色鳞片。菌肉薄，白色。菌褶密集度中等，离生，白色。菌柄长4～8cm，粗0.5～1cm，圆柱形，空心，白色，后变为红褐色。菌环上位，白色，易消失。

微观特征：孢子（5.5～8.0）μm ×（2.5～4.0）μm，椭圆形至长椭圆形，无色。

生境：夏、秋季单生或群生于林地或草地上。

分布：世界广泛分布。

食药用价值：有毒。

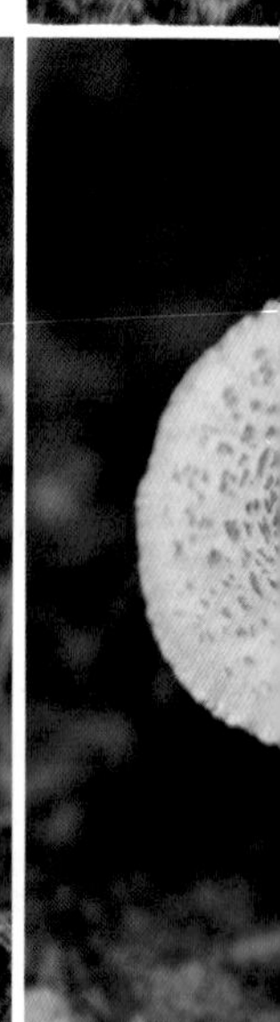

12. 鸾毛环柄菇

Lepiota tomentella J.E. Lange

宏观特征：菌盖宽1～2.5cm，圆锥形至凸形，后变成稍宽的伞状，中心焦茶色，其他部分黄棕色，边缘白色或灰奶油色，中心有很细的鳞，边缘有残留的菌幕。菌褶密集，离生，白色至淡奶油色。菌柄细长，长2.5～4.5cm，粗0.2～0.3cm，圆柱形，棕褐色，表面有白色絮状物，内部松软至空心。

微观特征：孢子（7.0～9.0）μm ×（3.0～4.0）μm，椭圆形至长椭圆形，无色。

生境：夏、秋季单生或群生于针阔混交林地上。

分布：亚洲、欧洲、北美洲和大洋洲。

食药用价值：尚不明确。

13. 大根白环蘑

Leucoagaricus barssii (Zeller) Vellinga

宏观特征：菌盖宽2.5～5.5cm，平凸，米白色，覆盖有灰棕色鳞片，鳞片更集中于中心，边缘不规则，成熟时分裂。菌褶离生，淡黄色。菌柄长7～11cm，粗1.5～2cm，中生，黄白色，瘀伤呈褐色，有球根基部，中空。菌环中位，单层，厚，膜质。

微观特征：孢子（6.5～8.5）μm ×（4.0～5.0）μm，椭圆形，无色。

生境：夏、秋季单生或散生于林地或沙地上。

分布：亚洲、欧洲和北美洲。

食药用价值：尚不明确。

14. 红盖白环蘑

Leucoagaricus rubrotinctus (Peck) Singer

宏观特征：菌盖宽3～8cm，初期半球形至扁半球形，渐平展，后中部稍凸一些，表面有暗红色鳞片及红褐色条纹，后期边缘破裂。菌褶离生，白色。菌柄长3～8cm，粗0.3～0.8cm，中生，棍棒状，黄白色，基部膨大。菌环上位，单层，膜质。

微观特征：孢子（7.0～9.0）μm ×（4.5～6.0）μm，卵球形至椭球形，无色。

分布：亚洲、欧洲、南美洲和北美洲。

食药用价值：尚不明确。

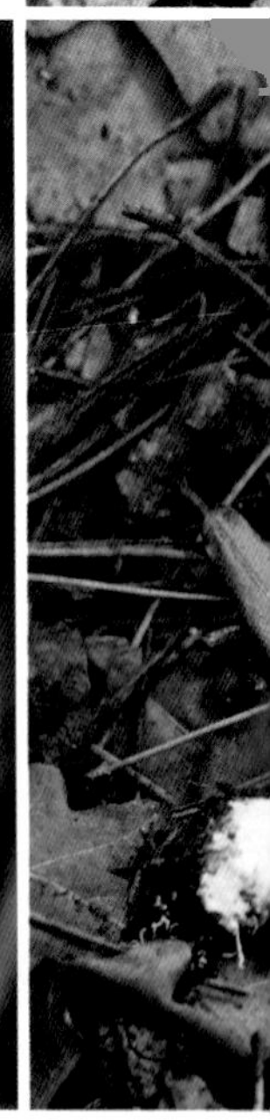

15. 高大环柄菇

Macrolepiota procera (Scop.) Singer

宏观特征：菌盖宽6～15 cm，初期卵形，后平展而中凸，中部褐色，有锈褐色棉絮状鳞片，边缘污白色，不黏。菌肉白色，较厚。菌褶稠密，离生，白色，不等长。菌柄长12～40cm，粗0.6～1.5cm，上部圆柱形，或向上渐细，与菌盖同色，具有土褐色到暗褐色的细小鳞片，内部松软变中空，基部膨大呈球状。菌环厚，上面白色，下面与菌柄同色。

微观特征：孢子（14～18）μm ×（10～12.5）μm，宽椭圆形至卵圆形，无色。

生境：夏、秋季单生至散生于阔叶林地或草地上。

分布：亚洲、欧洲和北美洲。

食药用价值：有报道可食用，也有报道为胃肠炎型、神经精神型、呼吸循环衰竭型毒蘑菇。

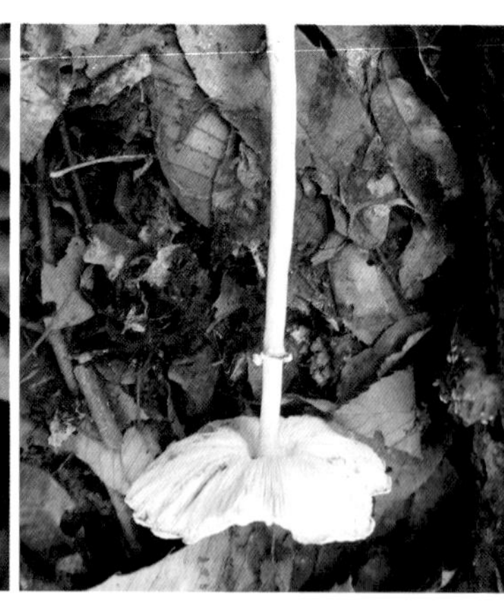

二、鹅膏科 Amanitaceae

1. 橙盖鹅膏

Amanita caesareoides Lj.N. Vassiljeva

宏观特征：菌盖宽5.5～20cm，初期卵圆形至钟形，中间稍凸起，后渐平展，呈明黄色至橘红色，表面光滑，稍黏，边缘具明显条纹。菌肉较厚，白色。菌褶直生至离生，黄色。菌柄长8～25cm，粗1～2cm，圆柱形，淡黄色，具橙黄色花纹或鳞片。菌环生菌柄上部，淡黄色，膜质。菌托白色，苞状，较大。

微观特征：孢子（10～12.5）μm ×（6.0～8.5）μm，宽椭圆形至卵圆形，无色。

生境：夏、秋季单生或散生于阔叶林地上。

分布：亚洲。

食药用价值：可食用。

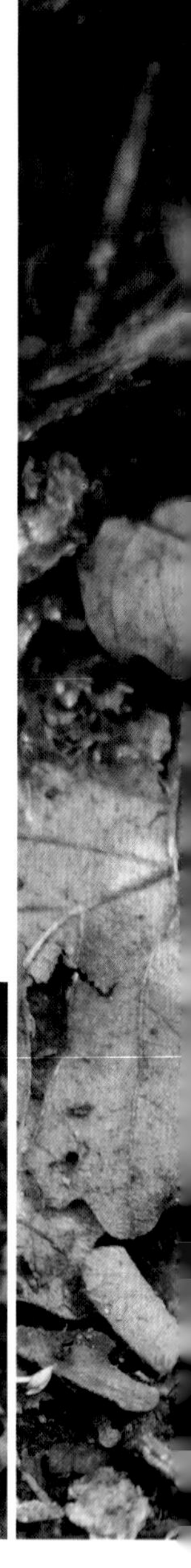

2. 橙黄鹅膏

Amanita citrina Pers.

宏观特征：菌盖宽6～10 cm，幼时半球形至近扁半球形，开伞后平展，硫黄色至橙黄色，表面有斑块或近似颗粒状鳞片，往往后期易脱落，边缘具不明显的条棱。菌肉白色。菌褶直生，白色。菌柄长5～12cm，粗1～1.5cm，圆柱形，内部松软至空心，白色带黄色。菌托与膨大的菌柄基部结合，似浅杯状。

微观特征：孢子（8.0～11）μm ×（7.0～10）μm，近球形，无色。

生境：夏、秋季单生或散生于阔叶林地上。

分布：亚洲、欧洲、非洲、北美洲和大洋洲。

食药用价值：有报道有毒。

3. 块鳞青鹅膏

Amanita excelsa (Fr.) Bertill.

宏观特征：菌盖宽8～15 cm，初期为半球形，后期平展，中间凹陷，棕色或灰棕色。菌肉白色。菌褶较密，直生，白色。菌柄长8～13 cm，粗1.5～2.5 cm，圆柱状，上下等粗，中空。菌环位于菌柄中部，易脱落。

微观特征：孢子（8.5～11）μm ×（6.5～8.5）μm，宽椭圆形至卵圆形，无色。

生境：夏、秋季单生于阔叶林地上。

分布：亚洲、欧洲和北美洲。

食药用价值：有报道有毒。

4. 淡红鹅膏

Amanita pallidorosea P. Zhang & Zhu L. Yang

宏观特征：菌盖宽3～9cm，近白色，中央为淡玫瑰红色，有辐射状裂纹。菌褶直生，白色，较密。菌柄长6～13cm，粗0.5～1.2cm，内部松软至空心，上部渐细，白色，具有纤毛状鳞片。菌环膜质，白色，生于菌柄上位。菌托呈浅杯状，白色。

微观特征：孢子（6.0～8.5）μm ×（6.0～8.0）μm，球形至亚球形，无色。

生境：夏、秋季生于针阔混交林或阔叶林地上。

分布：亚洲。

食药用价值：剧毒，中毒类型为胃肠炎型、肝脏损害型。

5. 芥黄鹅膏

Amanita subjunquillea S. Imai

宏观特征：菌盖宽5～8 cm，幼时扁半球形，成熟时扁平，黄色至芥黄色，中央平坦或稍凸起，颜色稍深，边缘无沟纹，表面平滑。菌肉白色。菌褶较密，离生，白色。菌柄长9～13cm，粗0.5～1.5cm，近圆柱形，白色至淡黄色，表面被有纤毛状或反卷的淡黄色鳞片，基部通常膨大至球形。菌环白色至浅黄色，生菌柄上部或顶部。菌托白色至污白色，膜质，浅杯状。

微观特征：孢子（6.5～8.5）μm ×（6.0～8.0）μm，球形至近球形，无色。

生境：夏、秋季单生或群生于针阔混交林地上。

分布：亚洲。

食药用价值：有毒，中毒类型为胃肠炎型、神经精神型、肝脏损害型、呼吸循环衰竭型。

三、丝膜菌科 Cortinariaceae

1. 加卢拉丝膜菌

Cortinarius gallurae D. Antonini, M. Antonini & Consiglio

宏观特征：菌盖宽1.5～3.5cm，中部稍下凹，边缘内卷，呈波浪状，菌盖边缘黑色，中部为褐色。菌肉灰褐色，较薄。菌褶弯生，棕褐色。菌柄长5～12cm，粗0.3～0.7cm，圆柱状，上部近褐色，下部颜色稍浅。

微观特征：孢子（7.5～10.5）μm ×（5.0～6.5）μm，椭圆形至近卵圆形，褐色，表面粗糙，具有麻点。

生境：夏、秋季单生或群生于针阔混交林地上。

分布：世界广泛分布。

食药用价值：尚不明确。

2. 红肉丝膜菌

Cortinarius rubricosus (Fr.) Fr.

宏观特征：菌盖宽3～9cm，幼时圆形至宽钟形，后平凸至平展，由米黄色至红棕色变为黄褐色至橙棕色，表面有红棕色条纹，微纤维化。菌褶弯生，黄褐色至浅棕色。菌柄长4～8cm，粗0.5～2cm，中生，近圆柱形，基部近棒状，米白色至橙棕色。

微观特征：孢子（6.0～7.5）μm ×（4.0～5.0）μm，杏仁状至椭圆形，锈褐色，具小疣。

生境：夏、秋季单生或群生于针阔混交林下。

分布：世界广泛分布。

食药用价值：尚不明确。

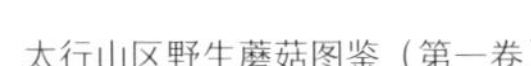

3. 锈色丝膜菌

Cortinarius subferrugineus (Batsch) Fr.

宏观特征：菌盖宽4～9cm，半球形至扁半球形，后平展，深褐色，干时浅褐色，光滑或有细纤毛，盖缘平直。菌肉中央厚，向边缘渐薄，污白色。菌褶弯生，幅宽，往往有横脉，初时淡锈色，后变锈褐色。菌柄长5～10cm，粗1～2cm，圆柱形，向上渐细，基部膨大，淡褐色，上部有平伏纤毛，中实。

微观特征：孢子（8.0～10）μm ×（5.0～5.5）μm，椭圆形，有疣，淡锈色。

生境：秋季散生或群生于针阔混交林地上。

分布：世界广泛分布。

食药用价值：尚不明确。

四、锈耳科 Crepidotaceae

1. 球孢靴耳

Crepidotus cesatii (Rabenh.) Sacc.

宏观特征：菌盖宽0.5～2cm，白色至乳白色，壳形至肾形，通常有略扇形的边缘，表面光滑至细绒毛。菌肉薄，白色。菌褶延生，白色至淡粉色。几乎无菌柄。

微观特征：孢子（6.5～8.5）μm ×（5.0～7.0）μm，宽椭圆形至近球状，具细刺状疣，内含大油滴，淡锈色。

生境：夏、秋季群生于阔叶树腐木上。

分布：亚洲、欧洲、非洲和北美洲。

食药用价值：有报道可食用。

2. 铬黄靴耳

Crepidotus crocophyllus (Berk.) Sacc.

宏观特征：菌盖宽1～6cm，扁半球形，后平展，橙黄色，覆有鳞片，边缘白色。菌肉白色。菌褶弯生，起初橙色后呈棕色。无菌柄。

微观特征：孢子5.0～8.0μm，球形，淡黄色。

生境：夏、秋季群生于阔叶林倒木或腐木上。

分布：亚洲、欧洲、北美洲和南美洲。

食药用价值：尚不明确。

3. 橄榄色绒盖伞

Simocybe sumptuosa (P.D. Orton) Singer

宏观特征：菌盖宽0.8～4cm，初期半球形至凸镜形，后渐平展，表面有小颗粒状或天鹅绒般绒状物，水渍状，深褐色，稍带一点橄榄色。菌褶密集，弯生，窄，幼时米黄色，成熟后变为深褐色。菌柄长1.5～5cm，粗0.2～0.3cm，圆柱形，稍弯曲，纤维质，幼时菌柄具天鹅绒粉霜状小颗粒，成熟后近光滑，顶部被纵向细纤维丝状，表面赭色或橄榄褐色，柄基部暗褐色。菌肉薄，淡褐色，有辛辣味。孢子印橄榄褐色。

微观特征：孢子（8.0～9.5）μm ×（5.0～5.5）μm，肾形，椭圆形或豆形，无色。

生境：夏、秋季群生于阔叶林腐木上。

分布：亚洲和欧洲。

食药用价值：尚不明确。

五、粉褶蕈科 Entolomataceae

褐粉褶菌

Entoloma griseopruinatum Noordel. & Cheype

宏观特征：菌盖宽4～6cm，斗笠形，中部稍凸，表面非水渍状，有轻微的条纹，浅灰棕色至深灰棕色，边缘直至波状。菌肉灰色。菌褶直生，顶端微凹，灰米色略带粉红色，不等长。菌柄长4～6cm，粗0.5～1.5cm，圆柱形，向基部逐渐膨大，弯曲，白色，纤维状条纹，顶端具粉霜，基部几乎光滑。

微观特征：孢子（8.5～11）μm ×（7.0～10）μm，多角形。

生境：夏、秋季散生于针阔混交林地上。

分布：亚洲、欧洲、非洲、北美洲和大洋洲。

食药用价值：尚不明确。

六、拟帽伞科 Galeropsidaceae

蝶形斑褶菇

Panaeolus papilionaceus (Bull.) Quél.

宏观特征：菌盖宽2～4.5cm，幼时形状为卵圆形，成熟后为钟形，中央稍微凸起，浅灰褐色，受潮时颜色更深，中部变为暗褐色，表面光滑，干时有裂片，边缘往往留有菌幕残片。菌肉较薄，淡灰色。菌褶直生，幼时从灰色后变为黑色。菌柄长6～12cm，粗0.2～0.3cm，细长柱形，顶部为灰白色，有条纹，下部带红褐色，内部空心。

微观特征：孢子（17.5～19.5）μm ×（8.5～10.5）μm，长椭圆形，黑褐色。

生境：春至秋季丛生于粪地上。

分布：亚洲、欧洲、非洲和北美洲。

食药用价值：神经精神型毒蘑菇。

G10776

七、轴腹菌科 Hydnangiaceae

白蜡蘑

Laccaria alba Zhu L. Yang & Lan Wang

宏观特征：菌盖宽1～4cm，凸至平展，白色至污白色，有时带粉红色，边缘有轻微的半透明条纹。菌褶直生，淡粉红色。菌肉薄，白色。菌柄长3～5cm，粗0.3～0.6cm，近圆柱形，白色至污白色，光滑至有细小纤丝状鳞片，基部有白色菌丝体。

微观特征：孢子（7.0～9.5）μm ×（7.0～9.0）μm，球形至近球形，具长1.5～2.0μm的小刺，无色。

生境：夏、秋季单生或群生于针阔混交林地上。

分布：亚洲。

食药用价值：可食用。

八、蜡伞科 Hygrophoraceae

1. 胶环蜡伞

Hygrophorus gliocyclus Fr.

宏观特征： 菌盖宽3～9cm，半球形至扁平，乳白黄色至变深色，光滑。菌肉稍厚，白色。菌褶密集度中等，直生至稍延生，污白黄至浅黄肉色。菌柄长11～14cm，粗1～2cm，圆柱形，基部稍呈根状，颜色同盖色，表面粗糙或有菌幕残痕。

微观特征： 孢子（7.5～10）μm ×（4.5～6.0）μm，椭圆形，无色。

生境： 夏、秋季散生或群生于针叶林地上。

分布： 亚洲、欧洲和北美洲。

食药用价值： 尚不明确。

2. 乳白蜡伞

Hygrophorus hedrychii (Velen.) K. Kult

宏观特征：菌盖宽2～7.5cm，扁半球形至扁平，顶部明显凸起，乳白色，中部乳黄色或更深，表面平滑。菌褶延生，乳白色至肉色。菌柄长3～9cm，粗0.5～1cm，近柱形，白色，具长纹条，顶部粗糙，基部稍细，呈金黄色，内部变松软。

微观特征：孢子（6.5～9.5）μm ×（3.5～4.5）μm，椭圆形，无色。

生境：夏、秋季群生于阔叶林地上。

分布：亚洲、欧洲和北美洲。

食药用价值：尚不明确，有报道不可食用。

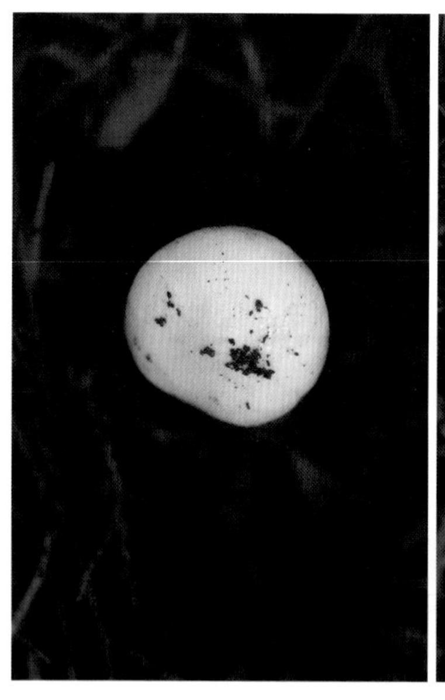

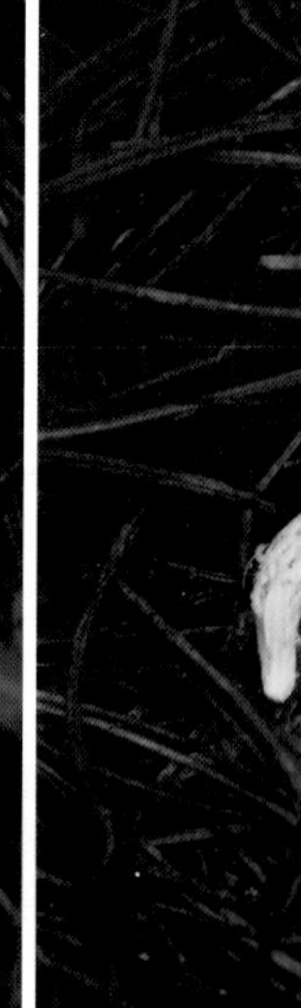

3. 黄粉红蜡伞

Hygrophorus nemoreus (Pers.) Fr.

宏观特征：菌盖宽3.5～10cm，扁半球形至稍扁平，中部稍下凹或呈脐状，呈粉黄红色或带粉肉红色，初期边缘内卷，表面干，有皱纹或细小鳞片。菌肉白色或乳黄色，具香气。菌褶直生又延生，乳白色至浅粉黄褐色。菌柄长5.5～8cm，粗0.5～1.2cm，圆柱形，向基部渐变细，白色至乳黄色或带褐色，顶部有粉粒，实心。

微观特征：孢子（6.5～8.0）μm ×（3.5～5.0）μm，椭圆形，无色。

生境：秋季群生于针阔混交林地上。

分布：亚洲、欧洲和北美洲。

食药用价值：可食用。

4. 淡红蜡伞

Hygrophorus russula (Schaeff. ex Fr.) Kauffman

宏观特征：菌盖宽5～12cm，扁半球形至近平展，中部具细小的块状鳞片，污粉红色至暗紫红色，常有深色斑点，不黏。菌肉厚，白色，近表皮处带粉红色。菌褶较密，直生至延生，初期近白色，常有紫红色至暗紫红色斑点，蜡质。菌柄长6～10cm，粗1.5～3cm，实心，污白色至暗紫红色，具细条纹，上部近粉状。

微观特征：孢子（5.5～8.5）μm ×（3.5～4.5）μm，长椭圆形至近似杆状，无色。

生境：夏、秋季群生于栎林或栎杂混交林地上。

分布：亚洲、欧洲和北美洲。

食药用价值：可食用，肉厚，味较好。

九、层腹菌科 Hymenogastraceae

1. 纹缘盔孢伞
Galerina marginata (Batsch) Kühner

宏观特征：菌盖宽0.5～2cm，半球形至近平展，中央稍凹陷，黄色至棕色，干后边缘上卷。菌肉薄，乳白色至淡黄色，伤后不变色。菌褶弯生，黄棕色。菌柄长1～3cm，粗0.1～0.3cm，中生，灰白色，圆柱形，表面具丝光，脆骨质，实心，基部有白色菌丝体。菌环位于菌柄上部，褐色，膜质，较小，易脱落。

微观特征：孢子（8.0～10）μm ×（5.0～6.0）μm，近椭圆形，表面有疣突，黄色至浅棕色。

生境：夏、秋季群生于针阔混交林中倒木或腐木上。

分布：亚洲、欧洲、非洲、北美洲和大洋洲。

食药用价值：胃肠炎型、溶血型、肝肾损害型、呼吸循环衰竭型毒蘑菇。

2. 三域盔孢伞

Galerina triscopa (Fr.) Kühner

宏观特征：菌盖宽0.3～1.2cm，斗笠形至半球形，棕色至棕褐色，湿时具透明状条纹，边缘水浸状。菌肉薄，污白色。菌褶弯生至近离生，淡肉桂色至肉桂色。菌柄长0.9～3cm，粗0.5～1mm，黄棕色至深褐色，圆柱形，上部具白色粉霜状绒毛，纤维质，空心。

微观特征：孢子（6.0～7.5）μm ×（3.5～4.0）μm，宽椭圆形至椭圆形，表面具有疣状凸起，脐上光滑区明显，无萌发孔，黄褐色。

生境：秋季散生于针阔混交林中腐木或苔藓层上。

分布：亚洲、欧洲和北美洲。

食药用价值：有报道有毒。

3. 坚韧裸伞

Gymnopilus suberis (Maire) Singer

宏观特征：菌盖宽3~10cm，半球形或钟形，中部凸起，红棕色，表面具有放射状条纹。菌肉较厚，黄色。菌褶直生，红棕色，较密。菌柄圆柱形，长5~8cm，粗0.5~1.5cm，金黄色，向基部带红色。

微观特征：孢子（7.0~8.0）μm ×（4.0~5.0）μm，椭圆形，粗糙，黄褐色。

生境：夏、秋季单生或群生于栎木等阔叶树腐木上。

分布：亚洲和欧洲。

食药用价值：尚不明确。

4. 黄粘滑菇

Hebeloma birrus (Fr.) Gillet

宏观特征：菌盖宽3～6cm，半圆形，中部凸出，凸出部分低而宽，边沿稍弯曲，湿时稍黏，菌盖颜色单色或明显双色调，中央赭褐色或肉桂色带黄色色调，边缘乳白色或淡黄色。菌褶直生，棕褐色。菌肉棕色，较薄。菌柄长3～8cm，粗0.3~1cm，乳白色，基部膨大，表面呈纤维状，有棕色斑点。

微观特征：孢子（9.5～11.5）μm ×（5.5～6.5）μm，柠檬形，粗糙，棕褐色。

生境：夏、秋季单生或群生于阔叶林地上。

分布：亚洲、欧洲和北美洲。

食药用价值：尚不明确。

5. 异味粘滑菇

Hebeloma ingratum Bruchet

宏观特征：菌盖宽2～5cm，成熟时平展，中央微凹，中间肉赭色，边缘白色。菌褶较密，贴生，白色至淡褐色。菌柄长4.5～6.5cm，粗0.6～0.8cm，圆柱形，白色，基部淡褐色，褶下面的柄有密集的粉霜状斑点，向下轻微的絮状，易开裂。

微观特征：孢子（11～13）μm ×（5.5～6.0）μm，长椭圆形，粗糙，淡黄褐色。

生境：夏、秋季群生于针阔混交林地上。

分布：亚洲和欧洲。

食药用价值：尚不明确。

6. 中生粘滑菇

Hebeloma mesophaeum (Pers.) Quél.

宏观特征：菌盖宽1～3.5cm，幼时半球形至凸形，后平展，菌盖中部常凸起，表面黏滑，浅土黄色至肉桂色，中央颜色深，向外逐渐变浅，边缘乳白色。菌肉淡灰褐色，较厚。菌褶直生，幼时白色，后呈米黄色或赭褐色，不等长，具白色边缘。菌柄长2～4.5cm，粗0.2～0.5cm，圆柱形，常弯曲，纵向有白色纤维，后期淡褐色，具米黄色或淡褐色纤维状鳞片。菌环易脱落，有时留有环带。

微观特征：孢子（7.0～9.5）μm ×（4.0～6.0）μm，椭圆形至近杏仁形，具微细疣，淡褐色。

生境：夏、秋季群生于针叶林地上。

分布：亚洲、欧洲、南美洲和北美洲。

食药用价值：尚不明确。

十、不确定的科 Incertae sedis

1. 无华梭孢伞

Atractosporocybe inornata (Sowerby) P. Alvarado, G. Moreno & Vizzini

宏观特征：菌盖宽3～7cm，扁半球形至平展，表面污白色至浅黄色，平滑，边缘有沟条纹，常波浪状。菌肉较薄，白色至浅灰褐色。菌褶直生至弯生，污白色至浅褐灰色。菌柄长4～7cm，粗0.5～1.2cm，近圆柱形，基部稍细，污白色至浅褐色，常具纵条纹，内部实心至松软。

微观特征：孢子（7.0～9.0）μm ×（3.0～4.0）μm，长梭形，无色。

生境：夏、秋季单生或群生于林地或林缘草地上。

分布：亚洲、欧洲和北美洲。

食药用价值：尚不明确。

2. 落叶杯伞

Clitocybe phyllophila (Pers.) P. Kumm.

宏观特征：菌盖宽2.5～6cm，初期扁球形，后平展或呈漏斗状，白色，具纤细的白色绒毛，边缘光滑。菌肉白色，伤不变色。菌褶延生，白色，褶缘近平滑。菌柄长3～5.5cm，粗0.5～1cm，圆柱形，空心，与菌盖同色，微弯曲，基部具白色绒毛。

微观特征：孢子（4.0～5.0）μm ×（3.0～4.0）μm，椭圆形，无色。

生境：夏、秋季群生于针叶林地上。

分布：亚洲、欧洲和北美洲。

食药用价值：有报道为神经精神型毒蘑菇。

3. 碱紫漏斗伞

Infundibulicybe alkaliviolascens (Bellù) Bellù

宏观特征： 菌盖宽2～6.5cm，幼时平展，成熟后中间凹陷，边缘稍外卷，呈波浪状，整体呈漏斗状，米褐色，中间颜色加深，水浸状，有白色绒毛，干后菌盖边缘薄脆。菌褶延生，褶间有横脉，乳白色。菌柄长4～8.5cm，宽0.3～0.9cm，有绒毛，基部稍膨大，鲜时菌柄与菌盖同色，有纵条纹，干后表面纵条纹加深。

微观特征： 孢子（5.5～7.0）μm ×（3.5～4.5）μm，椭圆形或亚杏形，无色透明，壁薄光滑，非淀粉质。

生境： 夏、秋季散生或群生于以针叶林为主的针阔混交林地上。

分布： 亚洲、欧洲和北美洲。

食药用价值： 尚不明确。

4. 深凹漏斗伞

Infundibulicybe gibba (Pers.) Harmaja

宏观特征：菌盖宽2～9cm，初期扁半球形，后渐平展，稍下凹至强力下凹呈漏斗状，中部有时有一小凸起，浅黄褐色、肉褐色或有点浅红褐色，边缘整齐，无条纹。菌褶较密，延生，白色。菌肉白色，较薄。菌柄长2～8cm，粗0.5～1cm，圆柱状，向基部逐渐变细，初期中实，后近中空，白色或浅肉褐色，表面近平滑。

微观特征：孢子（6.0～9.0）μm ×（4.0～5.0）μm，泪滴形至椭圆形，无色。

生境：夏、秋季单生或群生于阔叶林地上。

分布：亚洲、欧洲、非洲、北美洲和大洋洲。

食药用价值：可食用菌。

5. 肉色香蘑

Lepista irina (Fr.) H.E. Bigelow

宏观特征：菌盖宽5.5～13cm，白色至肉粉色，幼时形状为扁平球形，成熟后近平展，表面光滑，干燥。菌肉比较厚，质地柔软。菌褶白色至淡粉色，直生或稍微延生。菌柄长4.5～8.5cm，粗1.5～2.5cm，和菌盖颜色一样，具有纵向条纹，实心。

微观特征：孢子（7.5～10）μm ×（4.5～5.0）μm，椭圆形，比较粗糙，无色。

生境：夏、秋季散生或群生于针叶林地上。

分布：世界广泛分布。

食药用价值：可食用菌。

6. 裸香蘑

Lepista nuda (Bull.) Cooke

宏观特征：菌盖宽3～7.5cm，幼时为扁球形，成熟后平展，中央稍微下凹，灰白色至淡紫色，边缘内卷、具有较浅条纹，常呈波状或者瓣状。菌肉薄，紫色至淡棕色。菌褶直生或者弯生，淡紫色。菌柄长3～6.5cm，粗0.3～1cm，同菌盖色，基部稍粗。

微观特征：孢子（6.5～9.5）μm ×（3.5～5.0）μm，椭圆形至近卵圆形，比较粗糙，无色。

生境：夏、秋季群生于针阔混交林地上。

分布：世界广泛分布。

食药用价值：食用菌。

7. 林缘香蘑

Lepista panaeolus (Fr.) P. Karst.

宏观特征： 菌盖宽2～8cm，幼时凸起，后平展，表面灰色至灰棕色，有黑色斑点。菌肉白色或乳白色。菌褶较密，延生，白色至浅灰色。菌柄短粗，长3～5.5cm，粗0.5～1cm，纤维状，有时有条纹，颜色比菌盖浅，近似于圆柱形。

微观特征： 孢子（5.5～6.5）μm ×（3.5～4.5）μm，椭圆形，粗糙，无色。

生境： 夏、秋季群生于阔叶林地上。

分布： 亚洲、欧洲和非洲。

食药用价值： 食用菌。

8. 盔盖大金钱菌

Megacollybia marginata R.H. Petersen, O.V. Morozova & J.L. Mata

宏观特征：菌盖宽3.5～8.5cm，平展至稍微下凹，偶尔有小的凸起，深褐色，干燥后黄褐色，光滑无毛，有密集的放射状条纹，有时有小的透镜状疤痕，边缘薄，无条纹。菌肉白色。菌褶较密集，直生，幼时橄榄色，成熟时米白色。菌柄长5～10cm，粗0.3～0.6cm，上部和基部稍微膨大，灰橄榄色至土褐色，干后深棕色。

微观特征：孢子（6.5～10）μm ×（5.0～7.0）μm，宽椭圆形，少数近球形，无色。

生境：夏、秋季群生于阔叶林地上。

分布：亚洲和欧洲。

食药用价值：尚不明确。

9. 普通铦囊蘑

Melanoleuca communis Sánchez-García & J. Cifuentes

宏观特征：菌盖宽3.5～15cm，平展至中间渐高，有时有脐状隆起，黄棕色，边缘颜色变浅，无毛，边缘稍开裂。菌褶密集，直生至稍延生，波状，向边缘从白色逐渐趋于淡黄色。菌柄长5～15.5cm，粗0.5～1.5cm，圆柱状，基部稍有膨大，顶端白色，向基部颜色浅黄色，有纵向纤维状条纹。

微观特征：孢子（6.5～9.5）μm ×（4.5～6.0）μm，椭圆形至长椭圆形，表面有小疣，无色透明。

生境：夏、秋季生于针阔混交林地上。

分布：亚洲和欧洲。

食药用价值：尚不明确。

10. 下迪铦囊蘑

Melanoleuca dirensis F. Nawaz, Jabeen & Khalid

宏观特征：菌盖宽3～4.5cm，菌盖中央灰褐色，向边缘颜色逐渐变浅，表面干燥，无毛，菌盖边缘内卷。菌褶近白色，直生，密集，边缘波状，菌肉白色。菌柄长5～7cm，粗0.3～0.5cm，菌柄上部黄棕色，向基部逐渐变白中空，有纵向条纹，纤维状。基部菌丝白色，丰富。

微观特征：孢子（6.5～9.5）μm ×（4.0～6.0）μm，椭圆形，无色。

生境：夏末单生于落叶松下。

分布：亚洲。

食药用价值：尚不明确。

11. 钟形铦囊蘑

Melanoleuca exscissa (Fr.) Singer

宏观特征：菌盖宽2.5～4.5cm，初期近钟形，后平展至中央凸起，中央橙棕色，四周白灰色至淡米色，表面光滑，边缘稍内卷。菌褶密集度中等，贴生至稍延生，白色至淡粉色。菌柄长2.5～6.5cm，粗0.3～0.5cm，中生，圆柱形，白色至淡黄色，轻微纵向纤维状条纹，表面有白色绒毛。

微观特征：孢子（8.5～10.5）μm ×（5.5～6.5）μm，椭圆形至长椭圆形，无色。

生境：夏、秋季单生或散生于林间地上。

分布：亚洲、欧洲、北美洲和大洋洲。

食药用价值：可食用。

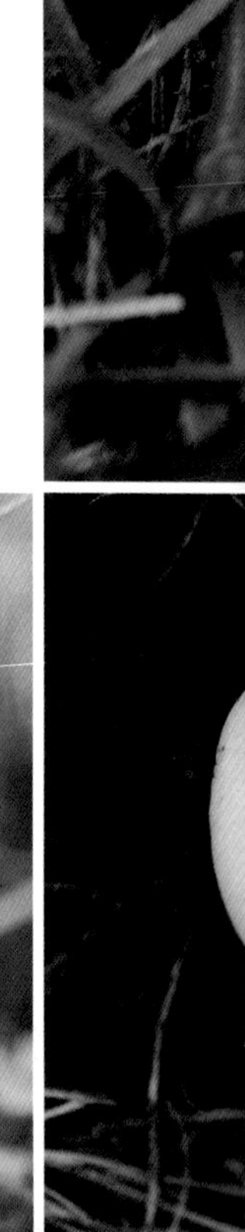

12. 近白柄铦囊蘑

Melanoleuca subleucopoda S.Q. Liu & S.R. Wang

宏观特征：菌盖宽4.5～6.5cm，近圆形，中央稍凹陷，中央香槟色至棕橙色，向边缘颜色变浅，表面水渍状，边缘规则。菌褶贴生至稍延生，密集，白色。菌柄长7～11.5cm，宽0.5～2cm，中生，圆柱形，基部稍微膨大，奶油色，实心，纵向纤维状条纹，菌柄上部光滑，基部覆盖着白色絮凝物的鳞片。

微观特征：孢子（7.5～9.5）μm ×（4.0～6.0）μm，椭圆形或长椭圆形，无色。

生境：夏末单生于栎树为主的阔叶林。

分布：亚洲。

食药用价值：尚不明确。

13. 凹陷辛格杯伞

Singerocybe umbilicata Zhu L. Yang & J. Qin

宏观特征：菌盖宽1～2cm，漏斗状，白色或乳白色，边缘内卷，表面光滑。菌肉极薄，白色。菌褶延生，白色。菌柄长1.5～2.5cm，粗0.2～0.5cm，中空，圆柱形，白色至黄白色，基部稍膨大，向基部渐细，光滑。

微观特征：孢子（4.0～6.0）μm ×（3.0～4.0）μm，椭圆形或水滴型，无色。

生境：夏、秋季单生或群生于针阔混交林地上。

分布：亚洲。

食药用价值：尚不明确。

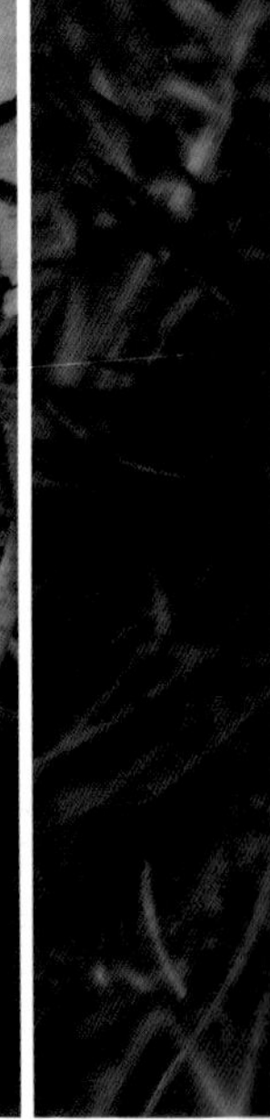

14. 小火焰拟口蘑

Tricholomopsis flammula Métrod ex Holec

宏观特征：菌盖宽5～9.5cm，初期表面中间较凸，边缘内卷，覆有短绒毛，后渐平展，中部微凹，边缘变薄，浅棕色至亮黄色，覆有小而脆的鳞片，中心鳞片较大，呈酒红色或紫红色。菌肉较厚，浅黄色至暗黄色。菌褶弯生，柠檬黄色。菌柄长2.5～5.5cm，粗0.5～1.0cm，圆柱形，浅黄至暗黄色。

微观特征：孢子（6.0～8.5）μm ×（3.5～4.5）μm，椭圆形至宽椭圆形，无色。

生境：夏、秋季群生于针叶树腐木上。

分布：亚洲和欧洲。

食药用价值：尚不明确。

十一、丝盖伞科 Inocybaceae

1. 星孢丝盖伞

Inocybe asterospora Quél.

宏观特征：菌盖宽3～4.5cm，浅褐色至深褐色，中间有突出，表面具有放射状细裂纹理，边缘不整齐。菌肉薄，浅黄色。菌褶较密，离生，初期白色，后期浅黄色。菌柄长4～8.3cm，粗2～3.2cm，实心，白色至浅黄褐色，与菌盖同色，光滑，从上至下渐粗，有白霜，基部膨大。

微观特征：孢子（10.5～12）μm ×（8.0～9.5）μm，有角呈星形，淡锈色。

生境：夏、秋季单生于阔叶林地上。

分布：亚洲、欧洲和北美洲。

食药用价值：有毒，神经精神型、肝功能损伤型、多功能损伤型毒蘑菇。

2. 土味丝盖伞

Inocybe geophylla P. Kumm.

宏观特征：菌盖宽1～4cm，幼时锥形，后逐渐平展，中央明显凸起，光滑且具丝状质感，成熟后细缝开裂至边缘，白色或稍带淡黄色，盖缘具蛛丝状菌幕残留，易消失。菌褶直生，幼时颜色白色，后灰色至淡褐色。菌柄长1～6cm，粗0.3～0.5cm，基部稍粗，顶部具白色霜状鳞片，下部纤丝状，中实。

微观特征：孢子（8.0～10）μm ×（5.0～6.0）μm，椭圆形，淡褐色。

生境：夏、秋季散生于针阔混交林或阔叶林地上。

分布：世界广泛分布。

食药用价值：神经精神型毒蘑菇。

3. 光亮丝盖伞

Inocybe splendens R. Heim

宏观特征：菌盖宽2.5～4.5cm，幼时半球形至钟形，成熟后逐渐平展，中央有明显的钝圆凸起，凸起处近光滑，向边缘呈平伏的纤维丝状，有时呈不明显的块状平伏鳞片，深褐色至棕褐色，凸起处米黄色至赭黄色，边缘明显色淡。菌肉幼时雪白色，成熟后带米黄色，肉质。菌褶中等至较密，直生，幼时白色至灰白色，成熟后带褐色，褶缘色淡或不明显。菌柄长4～9cm，粗0.5～1cm，中实，上下等粗，基部明显膨大、具边缘，白色至带肉褐色，中下部白色，具光泽，表面具白色霜状颗粒，延伸至菌柄基部。菌柄菌肉纤维质至近肉质，白色至肉褐色，具光泽。

微观特征：孢子（9.0～12.5）μm ×（5.5～6.5）μm，近杏仁形，黄褐色。

生境：夏、秋季群生或散生于针叶林地上。

分布：亚洲和欧洲。

食药用价值：尚不明确。

4. 兰格丝盖伞

Inocybe langei R. Heim

宏观特征：菌盖宽2~4cm，近圆锥形至钟形，表面丝状纤维，中央栗色到黄褐色，向边缘颜色变浅。菌褶直生，随年龄增长呈灰色至棕色。菌柄长2~4cm，粗0.3~0.5cm，白色至浅赭色，基部颜色变深。

微观特征：孢子（7.5~8.5）μm ×（4.0~5.0）μm，卵形至近杏仁状，黄褐色。

生境：夏、秋季单生或散生于以栎树为主的阔叶林下。

分布：亚洲和欧洲。

食药用价值：尚不明确。

5. 斑点新孢丝盖伞

Inosperma maculatum (Boud.) Matheny & Esteve-Rav.

宏观特征：菌盖宽1.2～6cm，伞形，表面有明显放射状条纹，黄白色至黄色。菌肉黄白色。菌褶较密，离生或直生，黄白色。菌柄长5～7cm，粗0.2～0.5cm，圆柱形，乳白色至褐色，成熟后中空，基部膨大。

微观特征：孢子（9.0～11）μm ×（4.5～5.5）μm，长椭圆形，黄褐色至棕色。

生境：夏、秋季单生或散生于阔叶林或混交林地上。

分布：亚洲、欧洲和北美洲。

食药用价值：神经精神型毒蘑菇。

6. 沙生拟裂盖伞

Pseudosperma arenarium Y.G. Fan, Fei Xu, Hai J. Li & Vauras

宏观特征：菌盖宽3.5～6.5cm，初期球形至半球形，成熟圆顶形至扁平形，表面干燥，无毛至轻微纤维状，黄色到赭色，向外变白，干后乳白色至灰白色。菌褶密集，直生至近离生，初期纯白色至乳白色，随着年龄增长变成黄色、褐色至肉桂色，边缘粉白色。菌柄长4～10cm，粗0.7～2cm，圆柱形，有时向基部逐步变细或膨大，中实，有纵向纤维状条纹，伴有分散的鳞片，新鲜时白色至乳白色，伴有粉红色，干后黄色至褐色。

微观特征：孢子（14～20）μm ×（7.0～9.0）μm，圆柱形或椭圆形，黄褐色，光滑。

生境：夏、秋季单生或散生于针叶林地上。

分布：亚洲和欧洲。

食药用价值：尚不明确。

十二、马勃科 Lycoperdaceae

1. 梨形马勃
Apioperdon pyriforme (Schaeff.) Vizzini

宏观特征：子实体高2～4.5cm，宽2～5cm，梨形、近球形或短棒形，具短柄，不孕育基部发达，由白色菌丝束固定于基物上。幼时包被色淡，后呈茶褐色至浅烟色。表面有微细颗粒状小疣，或具网纹。内部初橄榄色，后变为褐色，呈棉絮状。

微观特征：孢子（3.5～4.5）μm ×（3.0～5.0）μm，球形，橄榄色，平滑。

生境：夏、秋季丛生、散生或密集群生于林地上或腐木桩基部。

分布：全球广泛分布。

食药用价值：幼时可食。药用，孢子粉可止血。

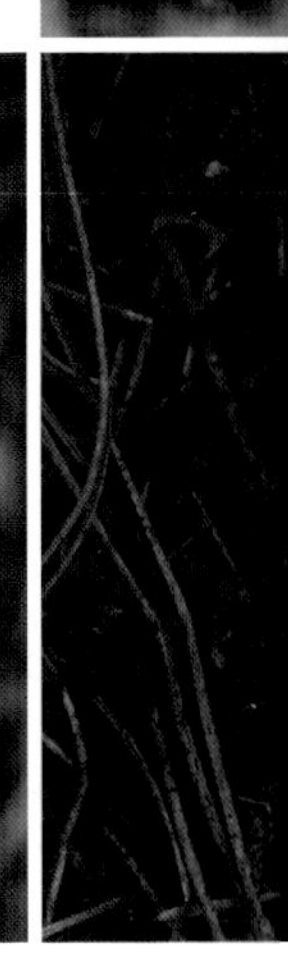

2. 泥灰球菌

Bovista limosa Rostr.

宏观特征：子实体宽0.5～1cm，近球形，无柄，基部常与土壤基物紧密相连，并在基部存留一由菌丝和土壤形成的显著的锥形或不规则形状的垫。包被两层，外包被表面被有颗粒状小疣，棕黄色至深棕色，内包被与外包被同色或颜色稍浅，顶端具孔口。孢体成熟时粉末状，红棕色。

微观特征：孢子（4.0～5.5）μm ×（3.0～5.0）μm，近球形，具稀疏分布的小疣，黄褐色。

生境：夏、秋季单生或群生于针叶林地上。

分布：亚洲、欧洲和北美洲。

食药用价值：尚不明确。

3. 铅色灰球菌

Bovista plumbea Pers.

宏观特征：子实体宽1.5～3.5cm，球形到稍扁圆，外包被薄，白色，无毛，成熟后全部成片脱落。内包被薄，深鼠灰色，顶端不规则状开口。

微观特征：孢子（5.0～7.5）μm ×（4.5～6.0）μm，近球形至卵形，褐色。

生境：夏、秋季丛生于阔叶林地上。

分布：亚洲、欧洲和北美洲。

食药用价值：幼时可食。可药用，具有抗肿瘤功能。

4. 岬灰球

Bovista promontorii Kreisel

宏观特征：子实体宽2～2.5cm，高1.5～2.5cm，近梨形，基部较窄，不孕基部小。包被两层，外包被上部棕褐色，基部颜色渐深，呈暗褐色，表面覆盖粉粒或小绒毛，后期粉粒多脱落绒毛随外包被呈小片脱落。内包被灰褐色，薄，纸质，成熟后顶端撕裂一长口，释放孢子。孢体棕褐色，棉絮状。

微观特征：孢子（5.0～7.0）μm ×（3.0～4.5）μm，椭圆形至长椭圆形，黄褐色。

生境：夏、秋季单生或群生于阔叶林地上。

分布：亚洲、欧洲和非洲。

食药用价值：尚不明确。

5. 长柄马勃

Lycoperdon excipuliforme (Scop.) Pers.

宏观特征：子实体高7～15cm，宽4～10cm，梨形。外包被幼时为白色，表面有尖锐的疣，成熟后为棕褐色，表面变光滑。头部破裂会释放出孢子。下部直径为头部直径的一半，表面会形成皱纹。基部与下部等粗或略微变粗。

微观特征：孢子10～12μm，球形，褐色，尾部具有小柄，柄长5.0～7.0μm。

生境：夏、秋季单生或群生于阔叶林地上。

分布：世界广泛分布。

食药用价值：可食用。药用，孢粉可止血。

6. 网纹马勃

Lycoperdon perlatum Pers.

宏观特征：子实体高2.5～3.5cm，宽2～3cm，倒卵形，通常顶端稍突出，外包被覆盖疣状和锥形突起，易脱落，脱落后在表面形成淡色光滑的斑点，连接成网纹状，初期近白色或奶油色，后变灰黄色至黄色，老后淡褐色。不育基部发达或伸长如柄。

微观特征：孢子3.0～4.0μm，球形，壁稍薄，具微细刺状或疣状凸起，无色或淡黄色。

生境：夏、秋季群生于阔叶林地上。

分布：世界广泛分布。

食药用价值：幼时可食。可药用，消肿、止血、解毒。

十三、离褶伞科 Lyophyllaceae

1. 金黄丽蘑

Calocybe aurantiaca X.D. Yu & Jia J. Li

宏观特征：菌盖宽3～8.5cm，初期近锥形至扁半球形，后期近扁平，中部稍凸起，有时老后中央稍下凹，表面光滑或平滑，或有似放射状细绒毛，污白色至灰褐色，或污褐色，老时出现暗褐斑点，幼时边缘内卷白色细绒毛。菌柄长5～8cm，粗0.5～1cm，近柱形或基部稍膨大，表面污白色至灰白色，有褐色长条纹或纤毛，内部实心，污白色，剖开后变铅灰色。

微观特征：孢子（5.5～8.0）μm ×（3.0～4.5）μm，长椭圆形或柱状椭圆形，具小疣，无色。

生境：夏末至秋季单生或丛生于阔叶林或针阔混交林地上。

分布：亚洲、欧洲和北美洲。

食药用价值：尚不明确。

2. 基绒丽蘑

Calocybe badiofloccosa J.Z. Xu & Yu Li

宏观特征：菌盖宽2～4.5cm，平展，边缘内卷，表面具有放射状条纹，浅赭褐色至浅赭黄色。菌肉白色至污白色。菌褶较稀疏，直生至延生，污白色，边缘不平滑呈现波浪状。菌柄长3～8cm，粗0.2～0.5cm，颜色较菌盖深，与菌盖连接处颜色较浅，具有纵向纤维状条纹，基部有明显的白色绒毛。

微观特征：孢子（4.5～6.0）μm ×（2.5～3.5）μm，椭圆形，无色。

生境：夏、秋季单生或群生于阔叶林或针阔混交林地上。

分布：亚洲、欧洲和北美洲。

食药用价值：尚不明确。

3. 黑色丽蘑

Calocybe obscurissima (A. Pearson) M.M. Moser

宏观特征：菌盖宽1.5～4cm，中央稍凸起，幼时边缘内卷，黄褐色，由边缘向中央颜色渐深，中央黑褐色。菌肉白色。菌褶较密，直生，灰褐色。菌柄长2～5cm，粗0.2～0.5cm，圆柱形略弯曲，上下等长或向基部渐细，黄褐色，实心，纤维质，基部可见白色菌丝。

微观特征：孢子（5.0～6.0）μm ×（2.5～3.0）μm，椭圆形至纺锤形，无色。

生境：夏、秋季散生于阔叶林地上。

分布：亚洲和欧洲。

食药用价值：尚不明确。

4. 脐状杯离褶伞

Clitolyophyllum umbilicatum J.Z. Xu & Yu Li

宏观特征：菌盖宽4.0～6.5cm，深橘色至浅棕色，表面光滑，边缘一侧向内弯曲，白色至灰橙色。菌褶延生，中等聚集，薄，颜色略浅于菌盖。菌柄偏生，长5～7cm，粗0.5～1cm，圆柱形，表面橙灰色至浅棕色，纵向具条纹。

微观特征：孢子（5.5～8.0）μm ×（4.0～6.0）μm，近球状椭圆形，无色。

生境：夏、秋季散生或群生于针叶林地上。

分布：亚洲。

食药用价值：尚不明确。

5. 荷叶离褶伞

Lyophyllum decastes (Fr.) Singer

宏观特征：菌盖宽5～16cm，扁半球形至平展，中部下凹，灰白色至灰黄色，不黏，边缘平滑且初期内卷，后伸展呈不规则波状瓣裂。菌肉中部厚，白色。菌褶稍密至稠密，直生至延生，白色。菌柄长3～8cm，粗0.5～2cm，近圆柱形或稍扁，实心。

微观特征：孢子（5.0～7.0）μm ×（5.0～6.0）μm，近球形，无色。

生境：夏、秋季丛生于草地或阔叶林地上。

分布：亚洲、欧洲和北美洲。

食药用价值：食用菌，味道鲜美。

6. 烟熏离褶伞

Lyophyllum infumatum (Bres.) Kühner

宏观特征：菌盖宽4.5～8cm，扁半球形，中部微微凸起，表面呈烟灰色至烟褐色，边缘色较浅，稍内卷。菌肉较薄，白色至灰色。菌褶直生，白污色至灰色。菌柄长4.5～6cm，粗0.8～1.5cm，圆柱形，污白色，基部稍膨大，表面有纵条纹，内实。

微观特征：孢子（9.5～12.5）μm ×（6.0～7.5）μm，菱形或近菱形，无色。

生境：夏、秋季单生或群生于针阔混交林地上。

分布：亚洲、非洲和北美洲。

食药用价值：食用菌。

7. 菱孢离褶伞

Lyophyllum rhopalopodium Clémençon

宏观特征：菌盖宽2～5.5cm，初期凸面，后平展或中部凹陷，中部较深。菌肉白色。菌褶延生，白色至灰白色。菌柄长4.5～6.5cm，粗0.5～1.5cm，灰色至灰褐色，基部膨大。

微观特征：孢子（8.5～12）μm ×（5.5～8.0）μm，菱形或近菱形，无色。

生境：夏、秋季单生或散生于阔叶林地上。

分布：亚洲和非洲。

食药用价值：食用菌。

十四、小皮伞科 Marasmiaceae

1. 盔状毛伞

Chaetocalathus galeatus (Berk. & M.A. Curtis) Singer

宏观特征：菌盖宽0.3～0.8cm，钟形或蹄形，无柄，附着在背部，偶尔偏生，白色带浅褐色，亚无毛到纤维，边缘有毛被侵蚀。菌肉薄。菌褶较稀，近白色。

微观特征：孢子（9.0～10）μm ×（6.0～7.5）μm，宽椭球形或略卵形，无色。

生境：夏、秋季群生于阔叶树腐木或落枝上。

分布：亚洲和大洋洲。

食药用价值：尚不明确。

2. 大囊小皮伞

Marasmius macrocystidiosus Kiyashko & E.F. Malysheva

宏观特征：菌盖宽3～5.5cm，浅棕色，盘平凸，略弯曲，起伏，表面暗淡，无毛，吸湿。菌肉薄，白色。菌褶近直生，白色。菌柄长4～6.5cm，粗0.4～0.6cm，圆柱形，向基部稍宽，纵向有纤维，表面暗沉，干燥，被白霜，基部白色被绒毛。

微观特征：孢子（6.5～10.5）μm ×（3.5～4.5）μm，椭圆形、肾形或豆形，无色。

生境：夏、秋季散生于油松、白桦混交林地上。

分布：世界广泛分布。

食药用价值：食用菌。

3. 隐形小皮伞

Marasmius occultatiformis Antonín, Ryoo & H.D. Shin

宏观特征：菌盖宽1～2.5cm，半球形，凸镜形至平展，中央红褐色，边缘橙褐色。菌褶较密，直生，白色。菌柄长4～7cm，粗0.2～0.3cm，圆柱形，顶端白色，透明，向下逐渐变为红褐色、暗褐色，基部菌丝白色。

微观特征：孢子（6.5～8.0）μm ×（3.0～4.0）μm，椭圆形，无色。

生境：夏、秋季单生或群生于云杉或灌丛林地上。

分布：世界广泛分布。

食药用价值：尚不明确。

十五、小菇科 Mycenaceae

1. 沟纹小菇

Mycena abramsii (Murrill) Murrill

宏观特征：菌盖宽1～2.5cm，半球形至斗笠形或钟形，中部凸起，灰褐或浅灰粉色，表面平滑或有小鳞片，边缘有明显沟条纹。菌褶较稀，灰白色，稍宽。菌柄细长，长3～6.5cm，粗0.1～0.2cm，上部近白色，下部近灰褐色，基部有时具白色菌丝体。

微观特征：孢子（7.5～11）μm ×（4.5～5.5）μm，椭圆形，无色。

生境：夏、秋季群生于针阔混交林地上。

分布：亚洲、欧洲和北美洲。

食药用价值：尚不明确。

2. 乳柄小菇

Mycena galopus (Pers.) P. Kumm.

宏观特征：菌盖宽1～3cm，圆锥形至钟状或伞形，灰色至深棕色，中心颜色较深，边缘较浅，表面有半透明条纹，具柔毛，后脱落。菌肉薄。菌褶延生，乳白色。菌柄长5～9cm，粗0.1～0.3cm，圆柱状，中空，稍有弹性，上下等粗或稍宽，直至弯曲，稍具刺状，大部分脱落，伤有白色汁液流出，灰褐色，上部颜色浅，下部颜色深，基部具有白色纤维。

微观特征：孢子（9.0～13.5）μm ×（5.0～6.5）μm，椭圆形，无色，光滑。

生境：夏、秋季群生于阔叶树或针阔混交林地上。

分布：亚洲、欧洲和北美洲。

食药用价值：可食用。

3. 沟柄小菇

Mycena polygramma (Bull.) Gray

宏观特征： 菌盖宽1～2cm，幼时圆柱形，浅棕色，后钟形，浅棕色至棕褐色，表面湿润，水浸状，具有纵向条纹。菌肉较薄，白色。菌褶延生，白色。菌柄长7～15cm，粗0.2～0.3cm，浅棕色，具有纵向条纹，中空，基部膨大。

微观特征： 孢子（8.0～10）μm ×（5.5～6.5）μm，椭圆形，无色。

生境： 夏、秋季单生或群生于针阔混交林地上。

分布： 亚洲、欧洲、非洲和北美洲。

食药用价值： 尚不明确。

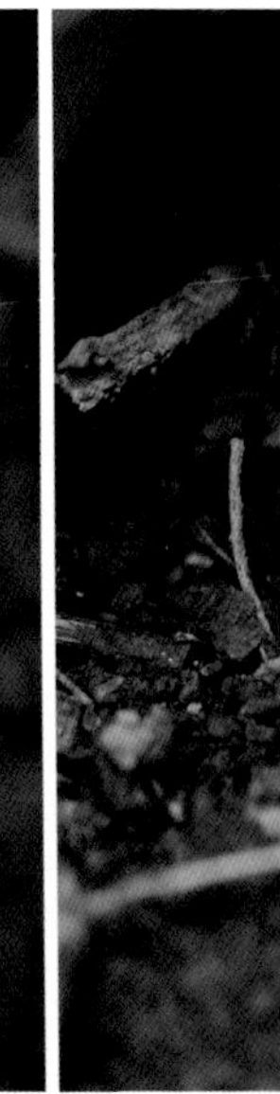

4. 洁小菇

Mycena pura (Pers.) P. Kumm.

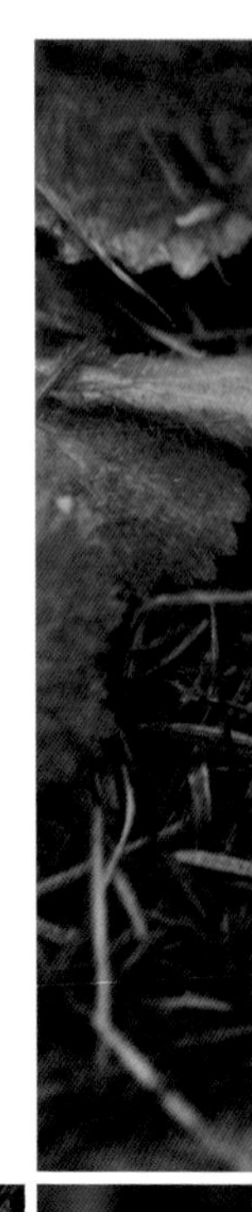

宏观特征：菌盖宽2～6cm，凸形或钟形，后变平，幼时通常淡紫色至紫色，后期渐渐褪色发白，边缘具有条纹。菌肉白色或者淡灰色，有一些萝卜味。菌褶较密，直生，淡紫色。菌柄长3～7cm，粗0.2～0.6cm，同菌盖色或稍淡，空心，基部往往具绒毛。

微观特征：孢子（6.0～10）μm ×（3.0～4.0）μm，长椭圆形，无色。

生境：夏、秋季丛生、群生或单生于林地上。

分布：世界广泛分布。

食药用价值：可食用。

5. 血红小菇

Mycena haematopus (Pers.) P. Kumm.

宏观特征： 菌盖宽2.5～5.5cm，伞形至钟形，暗红色至红褐色，中间颜色深，边缘渐浅，常开裂，伤后流出血红色汁液。菌肉薄，白色至酒红色。菌褶直生或近弯生，白色或浅褐色。菌柄长3～8.5cm，粗0.2～0.5cm，与菌褶同色，中空，圆柱状，上下等粗。

微观特征： 孢子（9.0～10.5）μm ×（5.5～7.0）μm，宽椭圆形，无色。

生境： 夏、秋季簇生于阔叶林腐木上。

分布： 亚洲、欧洲和北美洲。

食药用价值： 食用价值不大，据报道有抗癌作用。

6. 黄褐干脐菇

Xeromphalina cauticinalis (Fr.) Kühner & Maire

宏观特征：菌盖宽0.5～2cm，凸或平展，通常有一个浅的中央凹陷，橙棕色到红褐色或黄褐色，中央颜色较深，稍黏。菌褶密集度中等，贴生至延生，淡黄色，有横脉。菌柄长1～3cm，粗0.1～0.2cm，圆柱形，基部稍微膨大，上部黄色，下部红棕色至深褐色，基部覆盖有橙色到锈色的毛。

微观特征：孢子（5.0～8.0）μm ×（3.0～4.0）μm，椭圆形，无色。

生境：夏、秋季单生或散生于针叶林地上。

分布：亚洲、欧洲和北美洲。

食药用价值：尚不明确。

十六、橄榄类脐菇 Omphalotaceae

1. 群生拟金钱菌

Collybiopsis confluens (Pers.) R.H. Petersen

宏观特征：菌盖宽1.5～6cm，初期凸起钟形，后渐渐平展近似于平坦，表面比较潮湿，边缘有时有不明显的短条纹，起初红棕色，但很快褪色至浅棕褐色或粉红色、浅黄色。菌肉较薄，有韧性，白色微微泛黄。菌褶直生，白色至淡粉黄色，等长，偶有分叉。菌柄长5～13cm，粗0.2～1cm，圆柱状，空心，表面带有绒毛。

微观特征：孢子（6.5～8.0）μm ×（3.0～4.5）μm，椭圆形，无色。

生境：夏、秋季簇生于针叶林落叶层中。

分布：亚洲、欧洲、非洲和北美洲。

食药用价值：可食用。

2. 褐黄裸柄伞

Gymnopus ocior (Pers.) Antonín & Noordel.

宏观特征：菌盖宽1.5～5cm，凸起至浅凸或扁平，边缘波浪状，深红棕色，通常有一个较浅的边缘带，水渍状，干后变浅，边缘没有明显的条纹。菌肉薄，白色。菌褶密集度中等，直生，幼时白色，随着年龄的增长而呈奶油色或黄色。菌柄长2～6.5cm，粗0.2～0.6cm，圆柱形，基部有轻微的细毛，赭色至红棕色，但是较菌盖颜色浅，无菌环。

微观特征：孢子（4.5～6.0）μm ×（2.5～4.0）μm，椭圆形至长椭圆形，无色。

生境：夏、秋季单生或群生于针叶林地上。

分布：亚洲和欧洲。

食药用价值：可食用。

3. 密褶裸柄伞

Gymnopus polyphyllus (Peck) Halling

宏观特征： 菌盖宽3～6cm，幼时半球形，成熟时凸形至平展，或中部稍凹陷，边缘翻卷呈波浪状，表面干燥，中部常暗棕色，边缘渐为淡粉棕色。菌肉白色，薄。菌褶较密，直生至延生，白色。菌柄长3～6cm，粗0.3～0.5cm，近圆柱形，与菌盖同色或颜色稍浅，光滑或具细小亮灰色绒毛，内部松软至中空，基部有白色绒毛。

微观特征： 孢子（5.5～7.5）μm ×（2.5～3.5）μm，椭圆形，无色。

生境： 夏、秋季丛生或群生于针阔混交林地上。

分布： 亚洲和北美洲。

食药用价值： 尚不明确。

4. 近裸裸柄伞

Gymnopus subnudus (Ellis ex Peck) Halling

宏观特征：菌盖宽1.5～4.5cm，钟形至凸镜形，橙白色至淡橙色或灰色，中部具乳突，表面光滑，干燥，边缘内卷，不具有明显的条纹或沟纹。菌褶较密集，直生，橙白色。菌柄长3～6cm，圆柱状，中生，白色带些淡橙色，表面光滑。

微观特征：孢子（8.0～11）μm ×（3.5～4.5）μm，椭圆形，无色。

生境：夏、秋季单生或群生于阔叶林地上。

分布：亚洲和北美洲。

食药用价值：尚不明确。

5. 栎裸柄伞

Gymnopus dryophilus (Bull.) Murrill

宏观特征：菌盖宽1～5cm，边缘内卷，后平展，淡黄色至黄白色。菌肉白色，薄。菌褶直生，黄白色。菌柄长3～12cm，粗0.2～0.7cm，圆柱状，上下等粗，表面有白色绒毛。

微观特征：孢子（5.0～6.5）μm ×（2.5～3.5）μm，窄椭圆形，无色。

生境：夏、秋季单生或群生于针叶林或针阔混交林地上。

分布：亚洲、欧洲和北美洲。

食药用价值：胃肠炎型毒蘑菇。

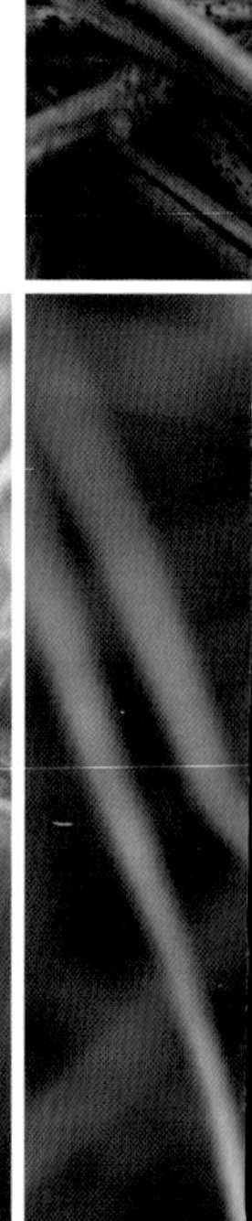

6. 湿裸柄伞

Gymnopus aquosus (Bull.) Antonín & Noordel.

宏观特征：菌盖宽2.5～3.5cm，凸镜形或平展，淡黄色或黄色，膜质，水渍状，不具有明显的条纹及沟纹。菌肉较薄，白色。菌褶直生至近离生，白色。菌柄长2.5～5cm，粗0.2～0.5cm，圆柱形，黄色，顶端渐细，表面光滑。

微观特征：孢子（4.0～5.0）μm ×（2.0～3.0）μm，椭圆形，无色。

生境：夏、秋季群生于阔叶林地上。

分布：亚洲和欧洲。

食药用价值：尚不明确。

G10075

7. 纯白微皮伞

Marasmiellus candidus (Fr.) Singer

宏观特征：菌盖宽0.5～2.5cm，初期为半球形，后期平展，中间凹陷，白色至乳白色。菌肉白色，薄，伤不变色。菌褶较稀疏，离生，白色。菌柄长0.3～2cm，粗0.1～0.3cm，圆柱状，上下等粗。

微观特征：孢子（12～18）μm ×（4.0～6.0）μm，长椭圆形，无色。

生境：夏、秋季单生或群生于阔叶树的枯枝或落枝上。

分布：亚洲、欧洲和北美洲。

食药用价值：胃肠炎型、呼吸循环衰竭型、神经精神型毒蘑菇。

8. 蒜头状微菇

Mycetinis scorodonius (Fr.) A.W. Wilson & Desjardin

宏观特征：菌盖宽1～2cm，幼时半球形，后平展，黄褐色至红褐色，颜色逐渐变淡，干，边缘稍向内弯曲。菌肉薄，污白色至黄白色。菌褶较稀疏，直生，较窄，肉粉色。菌柄长2～5cm，粗0.1～0.2cm，圆柱形或稍扁，顶部与菌盖同色或稍淡，向下栗褐色至黑褐色，光滑。

微观特征：孢子（7.5～10）μm ×（4.0～5.0）μm，长椭圆形，无色。

生境：夏、秋季散生或群生于富含腐殖质的阔叶林地上。

分布：亚洲和北美洲。

食药用价值：可食用。

G10516

9. 乳酪状红金钱菌

Rhodocollybia butyracea (Bull.) Lennox

宏观特征： 菌盖宽3～7cm，初期半球形，后期平展，表面常呈水浸状，浅褐色至红褐色，中间颜色深，边缘较浅。菌肉中部厚，黄白色或淡黄色。菌褶直生，乳白色。菌柄长4～9cm，粗0.3～0.9cm，同菌盖色，圆柱形，具有纵向条纹，表面有细毛。

微观特征： 孢子（4.5～6.0）μm ×（3.5～4.5）μm，椭圆形，无色。

生境： 夏、秋季单生于阔叶林或针阔混交林地上。

分布： 亚洲、欧洲、南美洲和北美洲。

食药用价值： 可食用。

10. 斑盖红金钱菌

Rhodocollybia maculata (Alb. & Schwein.) Singer

宏观特征：菌盖宽2～7cm，扁半球形至近扁平，中部钝圆或凸起，白色，常有锈褐色斑点或斑纹，老后带黄色或褐色，平滑无毛。菌肉白色。菌褶密集，直生或离生，白色或带黄色，褶缘锯齿状，常常出现带红褐色离痕。菌柄长5～10cm，粗0.5～1cm，圆柱形，近基部常弯曲，具纵长条纹或扭曲的纵条沟，软骨质。

微观特征：孢子（4.0～6.0）μm ×（4.0～5.0）μm，广椭圆形或近球形，无色。

生境：夏、秋季单生或群生于阔叶林或针阔混交林地上。

分布：亚洲、欧洲、非洲和北美洲。

食药用价值：可食用。

十七、泡头菌科 Physalacriaceae

1. 粗柄蜜环菌

Armillaria cepistipes Velen.

宏观特征：菌盖宽4～15cm，半球形至扁平，浅黄褐色或红褐色，中央色深，形成宽的环带，幼时有暗褐色鳞片，老后边缘上翘并有条纹，表面湿时水浸状，有细小纤毛或老后变光滑。菌肉污白色或变深。菌褶污白色或出现褐色斑，直生或延生，稍密，不等长。菌柄长5～12cm，粗0.5～1.3cm，上部污白色，下部色深，有白色或浅黄色鳞片，向下渐粗，基部膨大明显。菌环呈污白色或带黄色丝膜状，后期仅留痕迹，有时盖缘留有残迹。

微观特征：孢子（7.5～9.5）μm ×（5.0～7.5）μm，宽椭圆形，无色。

生境：夏、秋季群生于阔叶林地上或腐木上。

分布：亚洲、欧洲和北美洲。

食药用价值：食用菌。

2. 粗糙鳞盖菇

Cyptotrama asprata (Berk.) Redhead & Ginns

宏观特征： 菌盖宽2～3cm，半球形至扁平，橘红色、黄色至橙黄色，被橘红色至橙色锥状鳞片，边缘内卷。菌肉薄，污白色至淡黄色。菌褶近直生，白色。菌柄长2～4cm，粗0.2～0.4cm，圆柱形，近白色至米色，被黄色至淡黄色鳞片。

微观特征： 孢子（7.0～9.0）μm ×（5.0～6.5）μm，宽椭圆形或卵圆形，无色。

生境： 夏季单生或散生于阔叶林下腐木上。

分布： 亚洲和北美洲。

食药用价值： 尚不明确。

3. 易逝无环蜜环菌

Desarmillaria tabescens (Scop.) R.A. Koch & Aime

宏观特征：菌盖宽3～8cm，初期扁半球形，后平展，表面光滑，黄褐色，老后锈褐色，中部色较深，有纤毛状鳞片。菌褶延生，白色至污白色或稍带淡肉粉色。菌柄长3～12cm，粗0.3～1cm，中部以下灰褐色至黑褐色，常扭曲。

微观特征：孢子（8.0～10）μm ×（5.0～7.0）μm，宽椭圆形至近卵圆形，无色。

生境：夏、秋季丛生于树干根部或基部。

分布：亚洲、欧洲、非洲和北美洲。

食药用价值：胃肠炎型毒蘑菇。

4. 金针菇

Flammulina filiformis (Z.W. Ge, X.B. Liu & Zhu L. Yang) P.M. Wang, Y.C. Dai, E. Horak & Zhu L. Yang

宏观特征：菌盖宽1~2.5cm，凸至平展，表面光滑，中央黄棕色，其他赭色、金黄色、黄色，或接近白色，潮湿时较黏，边缘浅黄色。菌肉白色。菌褶离生或弯生，较密集，奶油到黄白色，边缘完整。菌柄长3.5~15cm，粗0.3~0.8cm，中生，近圆柱形，靠近菌褶部分淡黄色，靠近基部黄棕色至暗褐色，表面具粉霜。

微观特征：孢子（5.0~7.0）μm ×（3.0~3.5）μm，长椭圆形、椭圆形至圆柱形，无色。

生境：夏、秋季群生于多种阔叶树腐木上。

分布：世界广泛分布。

食药用价值：食用菌。

5. 卵孢长根菇

Hymenopellis raphanipes (Berk.) R.H. Petersen

宏观特征： 菌盖宽2～8.5 cm，中部微凸，白色至浅灰色，表面具有褐色花纹，黏性，且具有放射状条纹。菌肉较薄，白色。菌褶直生，白色至奶油色。菌柄长7～12.5cm，粗0.3～1cm，圆柱形，白色至奶油色，表面光滑，局部膨大，中空。

微观特征： 孢子（12～16.5）μm ×（10.5～13.5）μm，近球形至宽椭圆形，无色。

生境： 夏、秋季单生或散生于阔叶林地上，其假根着生在地下腐木上。

分布： 世界广泛分布。

食药用价值： 可食用。

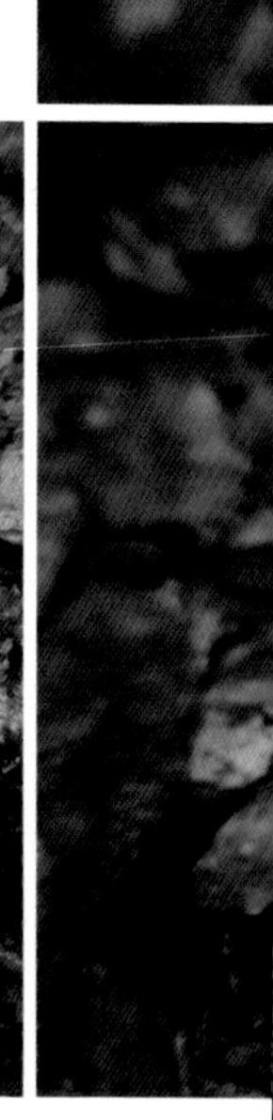

6. 科伦索长根菇

Hymenopellis colensoi (Dörfelt) R.H. Petersen

宏观特征：菌盖宽2.5～12cm，浅褐色至暗褐色，半球形至渐平展，表面有放射状条纹，中部凸起或似脐状，表面湿润，光滑。菌肉较薄，白色。菌褶弯生，白色。菌柄长5～18cm，粗0.3～1cm，浅褐色，近柱状，有纵条纹，内部松软，基部稍膨大且延生成假根。

微观特征：孢子（13～18）μm ×（10～15）μm，卵圆形至宽圆形，无色，光滑。

生境：夏、秋季单生或群生于阔叶林地上，其假根着生在地下腐木上。

分布：亚洲和欧洲。

食药用价值：可食用。

7. 亚白环黏小奥德蘑

Oudemansiella submucida Corner

宏观特征：菌盖宽4～10cm，半球形，后平展，白色，表面具有黏性，边缘具有条纹。菌肉较厚，白色。菌褶直生，白色。菌柄长3.5～6cm，粗0.2～0.8cm，中生，白色或黄白色，有纤毛状鳞片，基部膨大。菌环幕状，白色，生于菌柄上部。

微观特征：孢子直径15～20μm，近球形，密有小刺，无色。

生境：夏、秋季单生或丛生于各种阔叶林的树桩和倒木上。

分布：世界广泛分布。

食药用价值：可食用。

8. 东方松果菇

Strobilurus orientalis Zhu L. Yang & J. Qin

宏观特征： 菌盖宽1.5～3.5cm，伞形或锥形，浅褐色。菌肉薄。菌褶较密，直生近离生，灰白色。菌柄长3～5.5cm，粗0.1～0.4cm，圆柱状，颜色不均匀，近菌盖处为白色，向下为黄褐色。

微观特征： 孢子（5.5～6.5）μm ×（3.0～3.5）μm，窄椭圆形，无色，光滑。

生境： 夏、秋季单生或群生于针叶林松果上。

分布： 亚洲。

食药用价值： 尚不明确。

9. 硬毛干蘑

Xerula strigosa Zhu L. Yang, L. Wang & G.M. Muell.

宏观特征：菌盖宽2～4cm，扁半球形，黄褐色、深褐色至灰褐色，密被黄褐色硬毛。菌肉近白色。菌褶弯生至直生，白色至米色，稍稀。菌柄长5～10cm，粗0.3～0.6cm，被黄褐色硬毛。

微观特征：孢子（11～15）μm ×（9.0～11.5）μm，宽椭圆形至椭圆形，无色。

生境：夏、秋季单生于针阔混交林地上。

分布：亚洲。

食药用价值：可食用。

十八、侧耳科 Pleurotaceae

1. 勺状亚侧耳

Hohenbuehelia auriscalpium (Maire) Singer

宏观特征：菌盖宽3～7 cm，勺形或扇形，初为白色，后为淡粉灰色至浅褐色，水浸状，稍黏，边缘有条纹。菌褶延生，白色。菌柄长1～3 cm，粗0.5～1 cm，污白色，有细绒毛。

微观特征：孢子（4.5～6.0）μm ×（3.0～4.6）μm，近椭圆形，无色。

生境：夏、秋季群生或近丛生于枯腐木上。

分布：亚洲和欧洲。

食药用价值：可食用。

2. 黑亚侧耳

Hohenbuehelia nigra (Schwein.) Singer

宏观特征：菌盖宽0.3～1.5cm，幼时圆形，然后凸到平凸，表面浅到深灰棕色到黑色，成熟的担子果几乎为黑色，干燥时完全变黑，边缘几乎无毛，呈锯齿状，边缘有波浪状。菌褶黑色到深灰色，中等接近远处，厚，褶缘浅棕色或黑色。

微观特征：孢子（6.5～8.0）μm ×（4.5～5.5）μm，椭圆形至长椭圆形，无色。

生境：夏、秋季群生于腐烂的栎木上。

分布：亚洲。

食药用价值：尚不明确。

3. 花瓣状亚侧耳

Hohenbuehelia petaloides (Bull.) Schulzer

宏观特征：菌盖宽2～5.5cm，勺形，向柄部分渐细，无后沿，白色，后期淡粉灰色至浅褐色，黏。菌褶稠密，延生，白色，窄。菌柄长1～3.3cm，粗0.5～1cm，侧生，白色，表面有细绒毛。

微观特征：孢子（6.0～8.0）μm ×（4.0～5.0）μm，椭圆形，无色。

生境：夏、秋季单生或群生于榆树、槭树等阔叶树腐木上。

分布：亚洲、欧洲和北美洲。

食药用价值：可食用，口感好。可药用，抑制肿瘤。

4. 肺形侧耳

Pleurotus pulmonarius (Fr.) Quél.

宏观特征：菌盖宽4～10cm，扁半球形至平展，倒卵形至近扇形，灰白色至灰黄色，表面光滑，边缘平滑或稍呈波状。菌肉白色，靠近基部稍厚。菌褶稍密，白色，延生。菌柄很短或近无，白色，有绒毛，后期近光滑，内部实心至松软。

微观特征：孢子（8.0～10.5）μm ×（3.0～5.0）μm，近圆柱形，无色。

生境：夏、秋季丛生于阔叶树倒木、树干或木桩上。

分布：亚洲、欧洲、南美洲、北美洲和大洋洲。

食药用价值：食用菌。

十九、光柄菇科 Pluteaceae

1. 波扎里光柄菇
Pluteus pouzarianus Singer

宏观特征： 菌盖宽5~10cm，平展至中凸，中央有一个宽的、钝的凸起，灰色至灰棕色，中央深褐色至黑色，从中央向边缘有放射状的纤维，边缘微皱。菌褶密集，离生，淡粉色，腹鼓状。菌柄长4~11cm，粗0.3~0.8cm，中生，圆柱形，基部略膨大，实心，白色，表面有灰褐色的纵向纤维。菌盖菌肉和菌柄菌肉白色。孢子印粉棕色。

微观特征： 孢子（6.0~9.0）μm ×（4.0~5.5）μm，椭圆形至长椭圆形，近无色。

生境： 夏、秋季单生或群生于针叶林中腐木上。

分布： 亚洲、欧洲和北美洲。

食药用价值： 尚不明确。

2. 柳光柄菇

Pluteus salicinus (Pers.) P. Kumm.

宏观特征：菌盖宽2～8cm，表面较凸，银灰色至棕灰色，中心附近有小鳞片，边缘较暗，呈条纹状，湿润时略带半透明的条纹。菌肉较薄至中等厚度，灰白色。菌褶离生，白色至肉粉色。菌柄长3～10cm，粗0.2～0.6cm，肉白色，向基部渐粗或等粗。

微观特征：孢子（7.0～8.5）μm ×（5.0～6.0）μm，卵形，浅粉棕色。

生境：夏、秋季单生或群生于阔叶林腐木上。

分布：亚洲、欧洲、非洲和北美洲。

食药用价值：可食用，但味道稍差。

3. 网盖光柄菇

Pluteus thomsonii (Berk. & Broome) Dennis

宏观特征：菌盖宽2～3.5cm，平展至中凸，中央有一个宽的、较高的凸起，中央深褐色至黑色，具有放射皱纹，类网状隆起，向边缘延伸，边缘栗色至白色，有短条纹，有白色绒毛。菌肉白色，薄。菌褶密集，离生，淡粉色。菌柄长2.5～4.5cm，粗0.1～0.5cm，中生，近圆柱形，向下逐渐变粗，中空，白色至灰白色，具有纵向纤维状银色条纹，基部有白色绒毛。

微观特征：孢子（5.5～8.0）μm ×（5.0～6.5）μm，宽椭圆形至椭圆形，近无色。

生境：夏、秋季单生或群生于阔叶林腐木上。

分布：亚洲、欧洲和北美洲。

食药用价值：尚不明确。

4. 韦林加光柄菇

Pluteus vellingae Justo, Ferisin, Ševčíková, Kaygusuz, G. Muñoz, Lebeuf & S.D. Russell

宏观特征：菌盖宽1~2.5 cm，初期凸钟形至钟形，后平展至微凸或扁平，轻微水渍状，黄棕色，中央处相对于菌盖边缘颜色稍深。菌肉白色至淡黄色。菌褶离生，腹鼓状，浅黄色。菌柄长0.5~2.5cm，粗0.2~0.4cm，中生，圆柱形，基部稍微膨大，淡黄色至亮黄色，基部有白色绒毛。

微观特征：孢子（6.0~7.5）μm ×（5.0~6.5）μm，宽椭圆形至近球形，无色。

生境：夏、秋季群生于阔叶林或针阔混交林腐木上。

分布：亚洲、欧洲和北美洲。

食药用价值：尚不明确。

二十、小脆柄菇科 Psathyrellaceae

1. 黄盖黄白脆柄菇

Candolleomyces candolleanus (Fr.) D. Wächt. & A. Melzer

宏观特征：菌盖宽3～5cm，初期钟形，后伸展常呈斗笠状，初期浅蜜黄色至褐色，干时褪为污白色，初期微粗糙，后光滑或干时有皱，幼时盖缘附有白色菌幕残片，后渐脱落。菌肉白色，较薄。菌褶密，直生，污白、灰白至褐紫灰色，较窄，褶缘污白粗糙。菌柄细长，长3～8cm，粗0.2～0.5cm，圆柱形，白色，中空，质脆易断，有纵条纹或纤毛，有时弯曲。

微观特征：孢子（6.5～9.0）μm ×（3.5～5.0）μm，椭圆形，有芽孔，黄褐色。

生境：夏、秋季近丛生或群生于林地、林缘或草地上。

分布：世界广泛分布。

食药用价值：可食用。

2. 晶粒小鬼伞

Coprinellus micaceus (Bull.) Vilgalys, Hopple & Jacq. Johnson

宏观特征：菌盖宽2～4cm，初期卵形至钟形，后期平展，边缘常向上卷曲，淡黄色、黄褐色至赭褐色，向边缘颜色逐渐变浅至灰色，水渍状，表面常附有白色颗粒状晶体，易消失，边缘有长条纹。菌肉薄，近白色至赭褐色。菌褶直生，初期米黄色，后转为黑色，成熟时缓慢自溶。菌柄长3～5cm，粗0.2～0.5cm，圆柱形，中空，近等粗，有时基部呈棒状，白色至淡黄色，具粉霜，脆。

微观特征：孢子（7.0～10）μm ×（5.0～6.0）μm，椭圆形，灰褐色至暗棕褐色，顶端具平截芽孔。

生境：夏、秋季单生或丛生于阔叶林中树根部地上。

分布：亚洲、欧洲、非洲、北美洲和大洋洲。

食药用价值：胃肠炎型、神经精神型毒蘑菇。

3. 甜味小鬼伞

Coprinellus saccharinus (Romagn.) P. Roux, Guy García & Dumas

宏观特征：菌盖宽1.5～3cm，高1.5～2cm，圆锥形或钟形，表面具有条纹至顶部，初期具白色颗粒状鳞片，易脱落，成熟后边缘易开裂，黄褐色，顶部深褐色，后逐渐变灰至黑色。菌肉白色，薄。菌褶极密，初期白色，逐渐变红褐色，自溶黑化。菌柄长5～10cm，粗0.2～0.4cm，中空，圆柱形，米白色，基部偶具菌托状脊状隆起，脆。

微观特征：孢子（8.0～10）μm ×（4.5～6.5）μm，椭圆形，红褐色。

生境：春、秋季群生或簇生于枯木、树桩或周围地上。

分布：亚洲和欧洲。

食药用价值：尚不明确。

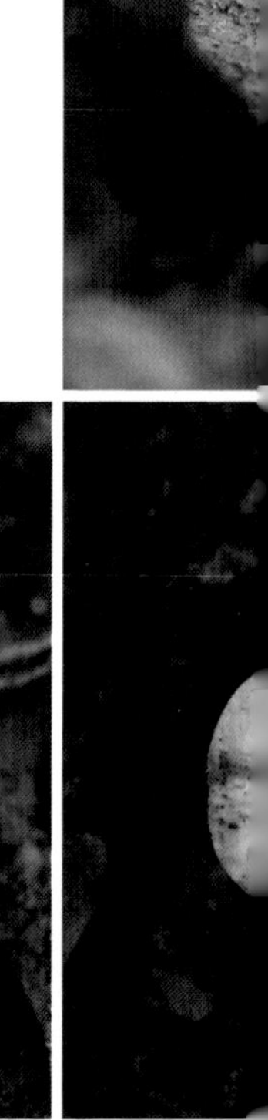

4. 庭院小鬼伞

Coprinellus xanthothrix (Romagn.) Vilgalys, Hopple & Jacq. Johnson

宏观特征：菌盖宽1～2.5cm，初期钟形至卵形，后期平展，中央近栗色，覆颗粒状鳞片，向边缘变浅至褐色或浅棕灰色，具辐射状长条纹。菌肉白色，很薄。菌褶离生，灰褐色至黑色，后期自溶。菌柄长3～7cm，粗0.1～0.3cm，圆柱形，白色，表面光滑。

微观特征：孢子（7.5～10）μm ×（5.0～6.0）μm，宽椭圆形，黑褐色。

生境：春至秋季单生或群生于阔叶树腐木、枯枝或林地埋木上。

分布：亚洲、欧洲和北美洲。

食药用价值：尚不明确。

5. 双孢拟鬼伞

Coprinopsis novorugosobispora Fukiharu & Yamakoshi

宏观特征：菌盖宽0.3～0.7cm，初期椭圆形至卵形，后凸至平展，平展后直径1.5～2cm，边缘内折，不规则分裂，表面白色到灰橙色，覆盖白色羊毛状鳞片。菌肉极薄，白色。菌褶密集，离生，边缘具轻微的粉霜，初期白色，后期灰色，最后呈黑色。菌柄长4～7cm，粗0.6～2mm，圆柱形，中空，白色，初期有羊毛状物，后光滑。

微观特征：孢子（8.0～10.5）μm ×（6.0～8.5）μm，卵形至椭圆形，有疣状物，黑棕色。

生境：夏、秋季丛生或群生于阔叶林地上。

分布：亚洲和欧洲。

食药用价值：尚不明确。

6. 土黄毡毛脆柄菇

Lacrymaria pyrotricha (Holmsk.) Konrad & Maubl.

宏观特征：菌盖宽3～7cm，半球形，土棕色至砖红色，中部凸起，表面具有致密的放射状纤维条纹，边缘薄而有绒毛。菌肉中等厚度，橙黄色。菌褶直生，棕褐色至紫黑色。菌柄长7～8cm，粗0.5～0.8cm，圆柱形，土黄色，具有白色纤维状鳞片。

微观特征：孢子（9.0～10.5）μm ×（6.0～6.5）μm，椭圆形，棕黑色。

生境：夏秋季单生或群生于针阔混交林地上。

分布：亚洲和欧洲。

食药用价值：可食用，味苦。

7. 锥盖近地伞

Parasola conopilea (Fr.) Örstadius & E. Larss.

宏观特征：菌盖宽2～5cm，圆锥形至宽圆锥形，有微小的毛，红棕色，后褪色呈淡褐色，干后颜色明显变色。菌肉浅粉褐色，脆。菌褶直生，初期浅棕色，后深灰色至近黑色，不等长，边缘白色。菌柄长5～13cm，粗0.2～0.5cm，圆柱形，上下等粗，中空，白色，无菌环，基部有白色菌丝体。

微观特征：孢子（14～18）μm ×（6.0～8.0）μm，椭圆形，栗褐色，芽孔明显。

生境：夏、秋季群生或簇生于阔叶林地上或埋木上。

分布：亚洲、欧洲、北美洲和大洋洲。

食药用价值：尚不明确。

8. 阿玛拉小脆柄菇

Psathyrella amaura (Berk. & Broome) Pegler

宏观特征：菌盖宽0.5～4cm，幼时宽圆锥形，后平展，水浸状，幼时淡棕色至红棕色，中部淡棕色，边缘暗褐色，半透明条纹较明显，幼时表面具白色纤毛，易消失。菌肉薄，淡棕色。菌褶密集，直生，初期污白色，渐变为淡棕色至深红棕色。菌柄长2.5～7cm，粗2～3mm，中生，中空，质地脆，圆柱形或基部稍膨大，直立或稍弯曲，丝光，上部微白色，基部淡棕色，表面具白色纤毛。

微观特征：孢子（6.5～8.5）μm ×（4.0～5.0）μm，椭圆形至长椭圆形，淡红褐色。

生境：夏、秋季单生或散生于林地上或枯枝落叶层中。

分布：亚洲、欧洲。

食药用价值：尚不明确。

二十一、假杯伞科 Pseudoclitocybaceae

1. 腓骨杯桩菇

Clitopaxillus fibulatus P.-A. Moreau, Dima, Consiglio & Vizzini

宏观特征：菌盖宽4～10.5cm，初期凸起，后中间略微凹陷，乳白色至浅褐色，边缘内卷，具有同心皱纹或裂缝。菌褶弯生至延生，奶油色至淡黄色，有分叉，褶间有横脉。菌柄长4～10cm，粗1～3.5cm，实心，圆柱形，黄白色至淡黄色，菌柄内部随着年龄的增长逐渐变成海绵状。

微观特征：孢子（5.0～6.5）μm ×（4.0～4.5）μm，宽椭圆形至椭圆形，无色。

生境：夏、秋季生于落叶松林地上。

分布：全球广泛分布。

食药用价值：食用菌。

2. 条缘灰假杯伞

Pseudoclitocybe expallens (Pers.) M.M. Moser

宏观特征：菌盖宽3～4.5cm，中部下凹脐状至杯形，深棕灰色，水浸后半透明，边缘有条纹。菌肉灰色，薄。菌褶稍稀，灰色，延生。菌柄与菌盖色相近，长5～7cm，粗0.4～0.6cm，中空，上部近柱形，基部稍膨大。

微观特征：孢子（9.0～9.5）μm ×（5.5～6.0）μm，近卵形，无色。

生境：夏、秋季单生或群生于林地上或腐枝落叶层或草地上。

分布：亚洲和欧洲。

食药用价值：可食用。

二十二、钝齿壳菌科 Radulomycetaceae

科普兰钝齿壳菌

Radulomyces copelandii (Pat.) Hjortstam & Spooner

宏观特征：担子果平伏，背着生，柔软，革质。菌盖近圆形，生长无数下垂的柔软刺，锥形，近白色，老后淡污黄色至浅茶色，干时暗黄褐色。刺长0.5～1cm，靠近边缘刺短。

微观特征：孢子（5.5～7.0）μm ×（5.0～6.5）μm，近球形，无色。

生境：夏、秋季生于阔叶树枯立木和枯枝上。

分布：亚洲和北美洲。

食药用价值：尚不明确。

二十三、球盖菇科 Strophariaceae

1. 硬田头菇

Agrocybe dura (Bolton) Singer

宏观特征：菌盖宽4～8cm，扁半球形后平展，白色至淡黄色或淡黄褐色，表面黏，湿时表面光滑且有光泽，后呈网纹状的龟裂。菌肉较厚，白色至淡黄白色。菌褶较密，弯生，黄褐色、深褐色至深红褐色。菌柄长3.5～8cm，粗0.5～1cm，幼时常具菌环，成熟后有时只具菌幕残片，圆柱形，有条纹，白色至淡黄色或淡黄褐色，下部有小纤维状鳞片。菌环生柄上部，膜质，薄，常撕裂易脱落。

微观特征：孢子（10.5～15）μm ×（6.0～8.0）μm，椭圆形或长椭圆形，黄褐色，顶端具明显芽孔。

生境：夏、秋季单生或群生于草地上。

分布：亚洲、欧洲和北美洲。

食药用价值：可食用。可药用，含有田头菇素，为聚乙炔类抗生素。

2. 库恩菇

Kuehneromyces mutabilis (Schaeff.) Singer & A.H. Sm.

宏观特征： 菌盖宽3～5.5cm，幼时半球形，渐平展，黄褐色至棕橙色，表面有黏性，且有微白色至淡黄色的放射状纤维。菌肉较薄，白色。菌褶直生，棕褐色。菌柄长5～9cm，粗0.7～1cm，浅棕色，向基部渐细，靠近菌盖的部分光滑，覆盖着小的白色或褐色的鳞片。菌环位于菌柄上部，白色，边缘为棕红色，最终整体变为棕红色或仅具有环形带，从白色逐渐变成褐色。

微观特征： 孢子（6.0～8.0）μm ×（4.0～5.0）μm，椭圆形或卵形，淡锈色。

生境： 夏、秋季丛生于阔叶树木桩或倒木上。

分布： 亚洲、欧洲和北美洲。

食药用价值： 可食用，也曾记载有毒。

3. 多脂鳞伞

Pholiota adiposa (Batsch) P. Kumm.

宏观特征： 菌盖宽3～12cm，初期扁半球形，边缘内卷，后渐平展，很黏，污黄色或黄褐色，有褐色近平伏的鳞片，中央的鳞片较密。菌肉白色或淡黄色。菌褶稍密，直生或近弯生，黄色至锈褐色。菌柄长5～16cm，粗0.5～3cm，圆柱形，下部常弯曲，纤维质，实心，与菌盖同色，有褐色反卷的鳞片，黏或稍黏。菌环膜质，生于菌柄上部，淡黄色，易脱落。

微观特征： 孢子（7.5～9.5）μm ×（5.0～6.5）μm，椭圆形或长椭圆形，淡黄色。

生境： 夏、秋季单生或丛生于杨、柳、桦等阔叶树树干上。

分布： 亚洲、欧洲、北美洲和大洋洲。

食药用价值： 食用菌。

4. 杨氏鳞伞

Pholiota jahnii Tjall.-Beuk. & Bas

宏观特征：菌盖宽5～12cm，表面呈金黄色至黄褐色，湿润且有黏液，附有褐色近似平状的鳞片，且中央较密，初期半球形边缘常内卷，后渐平展。菌肉较厚，白色或淡黄色。菌褶直生或近弯生，浅黄色至锈褐色。菌柄长5～15cm，粗1～3cm，圆柱形，表面有白色或褐色的鳞片。菌环生于菌柄上部，膜质，淡黄色，易脱落。

微观特征：孢子（7.5～10）μm ×（5.0～6.5）μm，椭圆形，淡黄色。

生境：夏、秋季单生或群生于柳树枯木上。

分布：亚洲和非洲。

食药用价值：食用菌。

二十四、口蘑科 Tricholomataceae

1. 银盖口蘑

Tricholoma argyraceum (Bull.) Gillet

宏观特征：菌盖宽2~4cm，半球形，中间稍凸起，后平展，白色，具棕灰色纤毛状鳞片，中间鳞片密集，老后边缘开裂。菌肉白色，厚，无气味。菌褶白色，直生或弯生。菌柄长4.5~5.5cm，粗1~1.5cm，圆柱状，污白色，基部稍膨大，具白色细绒毛，中实，干后空。

微观特征：孢子（5.0~6.5）μm ×（2.0~3.5）μm，宽椭圆形，无色。

生境：夏、秋季群生于针阔混交林地上。

分布：亚洲、欧洲和北美洲。

食药用价值：食用菌。

2. 保氏口蘑

Tricholoma bonii Basso & Candusso

宏观特征：菌盖宽1.5～4cm，初期为钟形，后扁平，通常为伞状，菌盖中心深褐色，边缘颜色较浅，表面有绒毛状鳞片，通常呈现大理石花纹。菌肉白色至浅灰色。菌褶较密，直生，灰色。菌柄长2～5.5cm，粗0.3～0.7cm，圆柱形，内部空心，基部为白色。

微观特征：孢子（6.0～11）μm ×（3.5～5.5）μm，近圆柱形，光滑。

生境：夏、秋季群生于针叶林地上。

分布：亚洲、欧洲和北美洲。

食药用价值：食用菌。

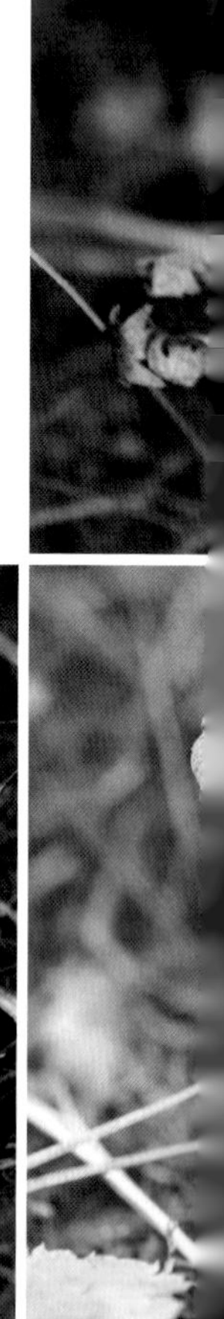

3. 布迪耶口蘑

Tricholoma boudieri Barla

宏观特征：菌盖宽4～9cm，半球形至近平展，中部稍凸起，幼时白色、污白色，后带灰褐色或浅灰色，湿润时黏，边缘向内卷且平滑。菌肉白色，稍厚。菌褶中等密至较密，弯生，白色，伤后变红。菌柄长4～11cm，粗0.5～1.5cm，白色，向下膨大近纺锤形，基部根状，内部松软。

微观特征：孢子（6.0～8.0）μm ×（4.0～6.5）μm，椭圆形至近卵圆形，无色。

生境：夏、秋季群生于针阔混交林地上。

分布：世界广泛分布。

食药用价值：可食用。

4. 杨树口蘑
Tricholoma populinum J.E. Lange

宏观特征：菌盖宽4～12cm，初期扁半球形，边缘内卷，后平展或呈波状，湿时黏，浅红褐色，向边缘色渐淡。菌肉污白色，伤处变暗，较厚，气味香。菌褶密集，较窄，污白色至浅粉肉色，伤处色变暗。菌柄圆柱形，长3～8cm，宽1～3cm，较粗壮，内部实或松软，基部稍膨大，表面白色，伤处变为红褐色。

微观特征：孢子（5.0～6.0）μm ×（3.5～4.5）μm，卵形至近球形，无色。

生境：秋季散生或群生于杨树林地上。

分布：亚洲、欧洲和北美洲。

食药用价值：食用菌。

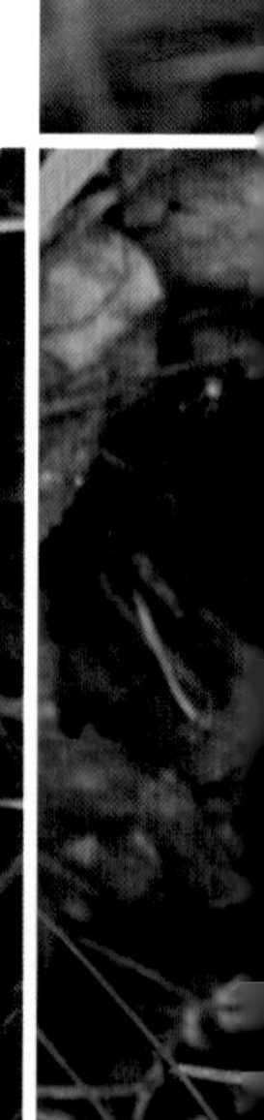

5. 棕灰口蘑

Tricholoma terreum (Schaeff.) P. Kumm.

宏观特征：菌盖宽3.5～8cm，半球形至平展，中部稍凸起，灰褐色至褐灰色，干燥，具暗灰褐色纤毛状小鳞片。菌肉白色，稍厚。菌褶弯生，稍密，灰色。菌柄长2.5～8cm，粗1.2cm，圆柱形，白色至污白色，具细软毛，内部松软至中空，基部稍膨大。

微观特征：孢子（5.0～8.0）μm ×（3.5～5.0）μm，椭圆形，无色。

生境：夏、秋季群生或散生于松林或混交林地上。

分布：亚洲、欧洲、非洲、北美洲和大洋洲。

食药用价值：食用菌。

6. 红鳞口蘑

Tricholoma vaccinum (Schaeff.) P. Kumm.

宏观特征： 菌盖宽3.5～8cm，幼时近钟形，后近平展，中部钝凸，土黄褐色至土褐色，覆红褐色至土红褐色毛状鳞片，表面干燥，中部往往龟裂状。菌肉白色，稍厚，伤变呈红褐色。菌褶弯生，白色至乳白色，不等长，伤变呈红褐色。菌柄长4～7.5cm，粗1～2.5cm，圆柱状，较菌盖色浅，具纤毛状鳞片，内部松软至空心。

微观特征： 孢子（6.5～7.5）μm ×（4.5～6.0）μm，椭圆形至近球形，无色。

生境： 夏、秋季群生于云杉、冷杉等针叶林地上。

分布： 亚洲、欧洲和北美洲。

食药用价值： 可食用。

第二节　木耳目 Auriculariales

木耳科 Auriculariaceae

1. 角质木耳

Auricularia cornea Ehrenb.

宏观特征：子实体革质至胶质，宽2～6cm，厚0.2cm左右，耳状，无柄或近无柄，新鲜时红褐色，干时黄褐色。子实层表面平滑；背面不孕面粗糙、有毛，具细脉纹或棱。

微观特征：孢子（14～16）μm ×（4.5～6.0）μm，腊肠形，无色。

生境：夏、秋季群生于多种阔叶树的枯木或立木上。

分布：亚洲、非洲、南美洲、北美洲和大洋洲。

食药用价值：食用菌。

2. 黑木耳

Auricularia heimuer F. Wu, B.K. Cui & Y.C. Dai

宏观特征：子实体胶质，宽2～6cm，厚0.1～0.2cm，耳状或叶状，浅褐色到红棕色，单生或丛生，近无柄，干燥时灰棕色至醋褐色。子实层表面平滑；背面具柔毛，有时具褶皱。

微观特征：孢子（9.0～15）μm ×（5.0～7.0）μm，肾形，无色。

生境：夏、秋季单生或群生于多种阔叶树腐木上。

分布：世界广泛分布。

食药用价值：食用菌。

3. 短毛木耳

Auricularia villosula Malysheva

宏观特征：子实体新鲜时胶质或软胶质，宽1～5cm，厚0.1～0.2cm，不透明或半透明，杯状或盘状，黄褐色或红褐色，干后灰褐色或深褐色，无柄或似有柄，边缘全缘或浅裂。子实层具有明显的褶皱，背面有不明显的短柔毛。

微观特征：孢子（13～15.5）μm ×（5.0～6.5）μm，腊肠形，无色。

生境：夏、秋季单生或群生于阔叶树活立木、倒木或腐朽木上。

分布：亚洲。

食药用价值：食用菌。

第三节　牛肝菌目 Boletales

一、牛肝菌科 Boletaceae

1. 网纹牛肝菌
Boletus reticulatus Schaeff.

宏观特征：菌盖宽5～20cm，表面暗褐色、黄褐色，带橄榄绿褐或淡褐色，稍绒毛状，湿时稍具黏性。菌肉白色，不变色。菌管初白色，后黄色至橄榄绿色，管孔近白色。菌柄长10～18cm，倒棍棒形，表面淡褐色至淡灰褐色，几乎全体有网纹。

微观特征：孢子（13～15）μm ×（4.0～5.0）μm，近纺锤形，橄榄色。

生境：夏、秋季散生或群生于壳斗科为主的阔叶林或与赤松、马尾松的混交林地上。

分布：亚洲、欧洲、非洲、北美洲和大洋洲。

食药用价值：可食用。

2. 毡盖美牛肝菌

Caloboletus panniformis (Taneyama & Har. Takah.) Vizzini

宏观特征：菌盖宽5～20.5cm，扁半球形或近扁平，锈红色或栗褐色，菌盖边缘较黑，刚开始有细毛后变光滑。菌肉黄色，受伤时变蓝色。菌管黄色，受伤时变蓝，管口红色，每毫米有1～2个小管。菌柄长4.5～15cm，粗1.5～5cm，圆柱形，近盖色。

微观特征：孢子（13～15.5）μm ×（4.0～5.0）μm，梭形，浅黄色。

生境：夏、秋季单生或群生于常绿阔叶林地上。

分布：亚洲。

食药用价值：胃肠炎型毒蘑菇。

3. 辣红孔牛肝菌

Chalciporus piperatus (Bull.) Bataille

宏观特征：菌盖宽2～2.5cm，平展，干至微黏，肉桂色、咖啡色至茶色，表面密布同色绒毛状鳞片。菌肉浅黄色、肉色，受伤不变色。菌管同菌盖色，角形，宽0.5～1.5mm，长0.3～0.7cm。近柄处菌孔长形，沿菌柄特化成褶状向下延生。菌柄长2～5cm，粗0.5～1cm，中生，实心等粗，基部膨大，与菌盖同色，纤维质，上有绒毛，基部有黄色菌丝体。

微观特征：孢子（3.5～4.0）μm ×（6.0～9.5）μm，多为长椭圆形，少数椭圆形，青黄色，内含油滴，淀粉质。

生境：秋季单生或散生于阔叶林地上。

分布：亚洲、欧洲、非洲、北美洲和大洋洲。

食药用价值：可食用，作为调味品。

4. 褐疣柄牛肝菌

Leccinum scabrum (Bull.) Gray

宏观特征：菌盖宽3.5～15cm，半球形，灰棕色或红棕色。菌肉黄白色。菌管长1～2.5cm，白色，较密。菌柄长4～20cm，粗1～3.2cm，圆柱状，具有疣状鳞片，基部膨胀。

微观特征：孢子（14～20）μm ×（4.5～5.5）μm，窄椭圆形，无色至微带黄褐色。

生境：夏、秋季单生于阔叶林地上。

分布：亚洲、欧洲和北美洲。

食药用价值：胃肠炎型毒蘑菇。

5. 阔孢灰暗红牛肝菌

Rubroboletus latisporus Kuan Zhao & Zhu L. Yang

宏观特征：菌盖宽7～10cm，半球形至凸形，血红色，湿时黏稠度强，干时亮，伤变后呈深蓝色。菌管深达1cm，黄色至橄榄色。菌盖菌肉白色至奶油色，整个子实体受伤时迅速变成蓝色，然后慢慢恢复到原来的颜色。菌柄长8～10cm，粗2～2.5cm，近圆柱形，向基部逐渐变粗，浅黄色，上部有网状组织，斑点深红色至棕红色，不规则地分布于整个柄。菌柄菌肉淡黄色。

微观特征：孢子（10～13）μm ×（6.0～6.5）μm，椭圆形，无色。

生境：秋季单生或群生于阔叶林或针阔混交林地上。

分布：亚洲。

食药用价值：尚不明确。

6. 亚污白牛肝菌

Suillellus subamygdalinus Kuan Zhao & Zhu L. Yang

宏观特征：菌盖宽3.5～10cm，初期幼时半球形，表面不黏并覆盖绒毛，有时也可能是浅褐色或肉粉色，有时也有近白色。菌肉较薄或稍厚，易碎，微微泛黄，无明显的气味，受伤后呈现蓝绿色。菌柄长3～8cm，粗1.0～2.5cm，圆柱状，实心，基部较粗。

微观特征：孢子（7.5～12.5）μm ×（5.0～8.5）μm，近椭圆形，无色或浅黄色。

生境：夏末、秋初单生于针叶林地上。

分布：亚洲。

食药用价值：可食用。

7. 灰乳牛肝菌

Suillus viscidus (L.) Roussel

宏观特征：菌盖宽4～10cm，半球形，中央凸起或平展，灰白色，表面有褐色点状鳞片，有黏液。菌肉白色或灰白色，伤变后污蓝色，无味。菌管面新鲜时灰白色，管口复式，多角形。菌柄长5.5～9cm，粗2～4cm，中生，圆柱状，基部稍膨大，中实，灰棕色，表面光滑，柄内菌肉白色和淡黄色。菌环位于柄中部，膜质。

微观特征：孢子（10～12）μm ×（4.0～5.0）μm，梭形，浅黄色。

生境：夏、秋季单生或群生于落叶松、云杉混交林地上。

分布：亚洲、欧洲和北美洲。

食药用价值：可食用、药用。

8. 苦粉孢牛肝菌

Tylopilus felleus (Bull.) P. Karst

宏观特征：菌盖宽3.5～15.5cm，初期为半球形，后期平展，浅褐色至灰褐色。菌肉白色，伤不变色。菌管层近凹生，管口间不易分离。菌柄长3.5～10cm，粗1.5～2cm，圆柱状，较粗壮，内部实心，基部略膨大。

微观特征：孢子（5.0～6.5）μm ×（3.5～5.0）μm，广椭圆形或卵圆形，黄褐色。

生境：夏、秋季单生或散生于阔叶林或针阔混交林地上。

分布：亚洲、欧洲和北美洲。

食药用价值：胃肠炎型、神经精神型毒蘑菇。可药用，疏风散热，清热解毒，还可治风火牙痛、慢性肝炎。

9. 红棕色苦涩牛肝菌

Tylopilus rubrobrunneus Mazzer & A.H. Sm.

宏观特征：菌盖宽5～15cm，凸形，随着年龄的增长呈宽凸或近乎平展状，幼时轻微毡状，后无毛，软革质，幼时棕紫色至紫褐色，后变成紫棕色、棕色或淡褐色，年轻时边缘白色，弯曲。孔面白色，变成粉红色，最后变成深褐色，伤变粉红色到棕色，孔圆形，每毫米2～3个，管深1cm。菌柄长7～14cm，粗1.5～4cm，棒状，白色到棕色，伤变橄榄色，无毛，有时靠近顶端轻微呈网状，基部菌丝白色。菌肉厚，白色，软。味道很苦，气味不明显。

微观特征：孢子（9.0～14）μm ×（2.5～4.0）μm，纺锤形，光滑，在KOH中呈轻微的赭色。

生境：夏、秋季单生或群生于针阔混交林地上。

分布：亚洲、北美洲和大洋洲。

食药用价值：尚不明确。

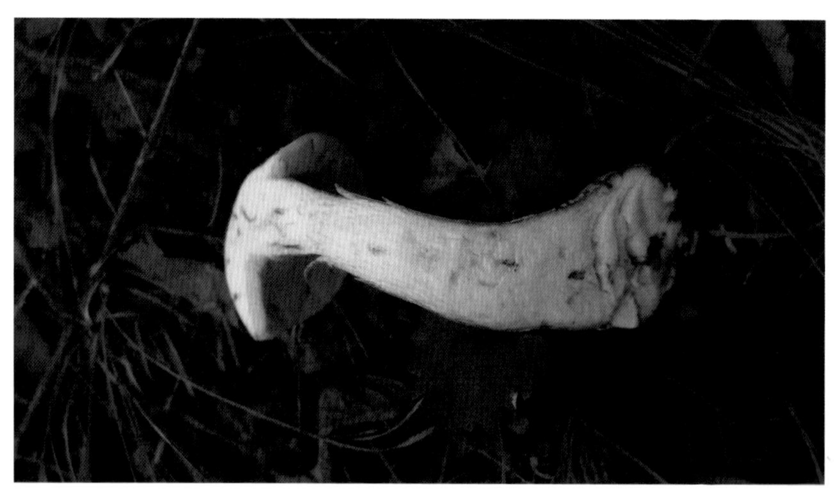

二、铆钉菇科 Gomphidiaceae

丝状色钉菇

Chroogomphus filiformis Yan C. Li & Zhu L. Yang

宏观特征：菌盖宽1～6cm，近圆锥形至平展，边缘内卷，干，表面有放射状排列的纤维状至细绒毛状鳞片，幼时橄榄灰至橙灰色，成熟时灰橙色至橙色，干后粉色至紫粉色。菌褶延生，幼时橙黄色，成熟时灰橙色，不等长。菌柄长2～7cm，粗0.4～1cm，近圆柱形，基部稍微膨大，橙黄色至粉红色，顶端金黄色，基部粉红色，顶端有粉红色的环残余，基部菌丝体黄色，干时粉红色。

微观特征：孢子（16～20）μm ×（6.0～7.0）μm，近纺锤形，黄褐色。

生境：秋季单生或群生于以松为主的混交林地上。

分布：亚洲。

食药用价值：可食用。

三、须腹菌科 Rhizopogonaceae

鸡腰子须腹菌

Rhizopogon jiyaozi Lin Li & Shu H. Li

宏观特征：子实体宽1～5cm，球形至近球形，稍软至橡胶状，幼时白色，成熟后变成黄褐色，伤变时呈玫瑰粉红色，表面有根状茎附着，凹陷，白色至黄色。包被薄，易脱落，接触KOH后立即由深黄褐色变成黑色。产孢组织幼时白色，成熟后变成深橄榄绿到棕色，最后呈凝胶化。

微观特征：孢子（6.5～8.5）μm ×（2.5～3.5）μm，椭圆形，无色或略带黄褐色。

分布：亚洲。

食药用价值：可食用。

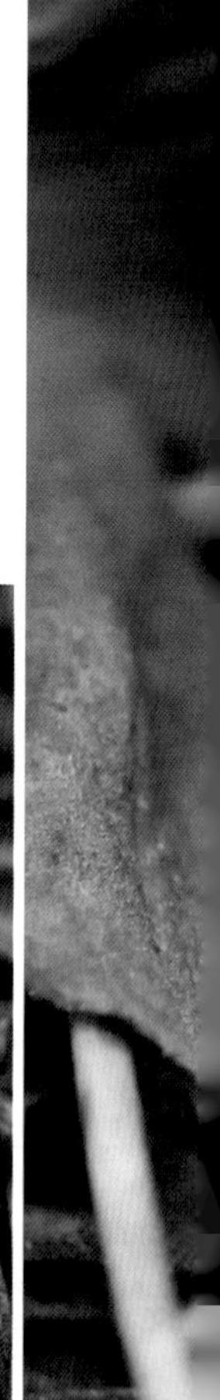

四、乳牛肝菌科 Suillaceae

1. 美洲乳牛肝菌

Suillus americanus (Peck) Snell

宏观特征：菌盖宽3～8.5cm，初期扁半球形，老后渐平展，表面具不规则条纹，湿时和幼时黏，淡黄色或米黄色，老后表皮出现红褐色鳞片，边缘残留菌幕，稍内卷，表皮不易剥离。菌肉黄白色至米黄色，幼时坚固，后变松软呈海绵状。菌管直生，黄白色至黄油色，管口较密，放射状，与菌肉不易分离。菌柄长3.5～7cm，粗0.5～2cm，肉质，中实，圆柱形，基部稍粗，有时弯曲状，米白色至淡黄色，黄油色底上具较密集黄褐色腺点，具米白色菌环，易脱落。基部菌丝乳白色，略带红色。

微观特征：孢子（8.5～10）μm ×（3.5～4.5）μm，长椭圆形，浅黄褐色。

生境：夏、秋季散生、群生或丛生于松树林或混交林地上。

分布：亚洲、欧洲、南美洲和北美洲。

食药用价值：尚不明确。

2. 厚环乳牛肝菌

Suillus grevillei (Klotzsch) Singer

宏观特征：菌盖宽4～10cm，扁半球形，后中央凸起，赤褐色至栗褐色，黏，有时边缘有菌幕鳞片附着。菌肉淡黄色。菌管棕褐色，直生至近延生。菌柄长4～10cm，粗1～2.5cm，近圆柱形，中生，菌环上部黄色，菌环下部黄褐色，基部膨大。菌环厚，淡黄色。

微观特征：孢子（8.0～11）μm ×（3.0～4.0）μm，近纺锤形，橄榄黄色。

生境：夏、秋季单生或群生于松林地上。

分布：亚洲、欧洲和北美洲。

食药用价值：食用菌。药用菌“舒筋散”成分之一。

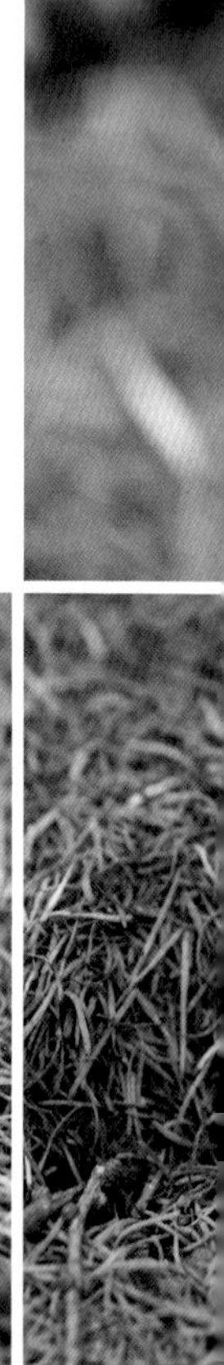

第四节　鸡油菌目 Cantharellales

齿菌科 Hydnaceae

1. 灰色锁瑚菌

Clavulina cinerea (Bull.) J. Schröt.

宏观特征：子实体较小，多分枝，高3～9cm，灰色，有柄，分枝顶端呈齿状。

微观特征：孢子6.5～10μm，近球形，有小尖，无色。

生境：夏、秋季群生或丛生于针阔混交林地上。

分布：亚洲、欧洲、北美洲和大洋洲。

食药用价值：可食用。

2. 皱锁瑚菌

Clavulina rugosa (Bull.) J. Schröt

宏观特征：子实体高4～8.5cm，宽0.3～0.7cm，不分枝，或有极少不规则的分枝，常呈鹿角状，表面平滑或有皱纹，白色，干后谷黄色。菌肉白色，内实。

微观特征：孢子（9～14）μm ×（8～12）μm，近球形，有小尖，无色。

生境：夏、秋季单生或群生于针叶林或阔叶林地上。

分布：世界广泛分布。

食药用价值：可食用。

3. 管形喇叭菌

Craterellus tubaeformis (Fr.) Quél.

宏观特征：菌盖宽2～7cm，幼时微凸，后呈花瓶形状，且中心有孔，边缘呈波浪状，棕黄色至黑棕色，表面有黏性。菌肉较薄，黄色至棕黄色。菌褶延生，黄色至棕灰色。菌柄长3～9cm，粗0.3～0.8cm，中空，橙色至棕色，基部具有白色菌丝。

微观特征：孢子（9.0～11）μm ×（6.0～8.0）μm，宽椭圆形，无色。

生境：夏、秋季单生或群生于阔叶林地上。

分布：亚洲、欧洲和北美洲。

食药用价值：可食用。

4. 尤西齿菌

Hydnum jussii Niskanen, Liimat. & Kytöv

宏观特征： 菌盖宽3.5～6cm，初期凸起，后平展，表面非常苍白至中橙赭色，边缘内折。菌柄长3～6cm，顶端粗0.5～1.3cm，圆柱形到棍棒状，白色，伤后变成淡橙棕色。刺稍延生，密集，尖锐，初期白色到淡赭色，后淡褐赭色。

微观特征： 孢子（7.0～8.0）μm ×（6.5～7.5）μm，近球形，无色。

生境： 夏末至秋季单生于混交林地上。

分布： 世界广泛分布。

食药用价值： 尚不明确。

5. 细齿菌

Hydnum subtilior Swenie & Matheny

宏观特征：菌盖宽2～9cm，圆形或偶尔肾状，凸变成平凸至凹，表面无毛，有时在中心裂成鳞片，浅奶油黄色至奶油橙黄色，边缘薄，完整。菌肉海绵状，奶油白色到淡橙奶油色，伤后变成橙色。刺长0.1～0.8cm，贴生至延生，乳白色至淡橙奶油色。菌柄长2～6cm，粗0.5～2.1cm，中生或偏生，有时弯曲，圆柱形或向基部膨大，乳白色，着锈橙棕色。

微观特征：孢子（7.0～9.0）μm ×（5.0～7.5）μm，近球形至宽椭圆形，薄壁，无色。

生境：夏、秋季散生或群生于针叶林地上。

分布：亚洲和北美洲。

食药用价值：尚不明确。

第五节　地星目 Geastrales

地星科 Geastraceae

1. 葫芦形地星
Geastrum lageniforme Vittad.

宏观特征：成熟子实体宽2.5～4.5cm。外包被浅囊状，开裂形成6～8瓣裂片，裂片通常向外反卷，不具有吸湿性。拟薄壁组织层较厚，浅沙土色至深棕色，不脱落。菌丝体层表面附着有植物残体壳，棕色至浅褐色。内包被体扁球形至球形，直径1～2cm，基部无柄，浅棕色至灰褐色，表面被小绒毛。子实口缘宽圆锥形，纤毛状，有明显的子实口缘环。

微观特征：孢子5.0～6.5μm，球形或近球形，暗棕色至黄棕色，表面纹饰为柱状突或粗疣突、微疣突。

生境：夏、秋季单生或群生于针叶林地上。

分布：世界广泛分布。

食药用价值：尚不明确。

2. 四裂地星

Geastrum quadrifidum Pers.

宏观特征：开裂后宽达1.5～2cm。外包被坚硬，呈浅黄褐色，成熟时会分裂成4～6个向下弯曲的尖叶片，呈拱形或穹窿状。内包被体扁球形，直径0.5～1cm，膜质，薄，表面光滑，灰褐色至棕色。子实口缘纤毛状，有明显子实口缘环。

微观特征：孢子5.5～6.5μm，圆形，有柱状疣，浅棕色或棕色。

生境：夏、秋季单生或散生于针阔混交林地上。

分布：亚洲、欧洲、南美洲和北美洲。

食药用价值：尚不明确。

3. 斯毛代地星

Geastrum smardae V.J. Staněk

宏观特征：成熟子实体宽3～5cm。外包被拱形，浅囊状，开裂至大于一半处，形成6～7 瓣裂片，裂片由宽至尖，最宽处为1.5～2.0cm。裂瓣顶部反卷到外包被盘下方，多数沿裂瓣基部断裂，断裂后仍与外包被连接，在内包被体基部形成杯状菌领，非吸湿性。拟薄壁组织层较厚，表面较光滑，有少量植物残体壳，白色、浅棕色至浅褐色。纤维层为白色至肉色。菌丝层具有少量带泥沙的植物残体壳。内包被体球形或卵圆形，直径为1.5～3cm，表面光滑或略粗糙，被沙土色绒毛。顶部为呈矮圆锥形凸起的子实口缘，颜色深于内包被体表面，有狭缝。基部无柄，无囊托或不明显。

微观特征：孢子3.5～4.0μm，球形，具微疣突，暗棕色。

生境：夏、秋季单生或散生于壳斗科栎属林或针阔混交林有丰富腐殖质的地上。

分布：亚洲、欧洲和南美洲。

食药用价值：尚不明确。

第六节　钉菇目 Gomphales

陀螺菌科 Gomphaceae

1. 棕黄枝瑚菌

Ramaria aurea (Schaeff.) Quél.

宏观特征：高可达20cm，宽可达5～12cm，金黄色、卵黄色至赭黄色，有许多分枝，分枝从较粗的柄部发出，多次分成叉状，柄基部色浅或呈白色。

微观特征：孢子（7.5～15）μm ×（3.0～6.5）μm，椭圆至长椭圆形，有小疣，无色。

生境：秋季群生或散生于混交林地上，与云杉、山毛榉等树木形成菌根。

分布：亚洲、欧洲、北美洲和大洋洲。

食药用价值：有毒。

2. 冷杉暗锁瑚菌

Phaeoclavulina abietina (Pers.) Giachini

宏观特征： 子实体宽2～5cm，圆形到扇形。分枝细，黄棕色至橄榄棕色，不规则分裂，尖端相对短，分枝有时青紫蓝色，随生长呈绿色调。菌肉坚韧，味苦。菌柄高1～2cm，实心或由部分融合的枝组成，黄棕色至橄榄棕色，基部青绿色。

微观特征： 孢子（5.5～7.5）μm ×（3.0～4.0）μm，椭圆形，有疣，黄色。

生境： 夏、秋季群生或散生于针阔混交林地上。

分布： 亚洲、欧洲和北美洲。

食药用价值： 可食用。

第七节　锈革孔菌目 Hymenochaetales

一、锈革孔菌科 Hymenochaetaceae

1. 鼠李嗜蓝孢孔菌
Fomitiporia rhamnoides T.Z. Liu & F. Wu

宏观特征： 菌盖半圆形或蹄形，向外延伸可达6.5～8.5cm，宽可达5.5～9.5cm，基部厚2.5～5.5cm，表面呈棕褐色，表面具同心圆环，幼时表面被绒毛所覆盖，后期渐渐变光滑，随年龄增加逐渐龟裂。菌肉黄褐色，具有同心圆环，硬木质，厚可达2cm。

微观特征： 孢子（6.0～7.5）μm ×（5.0～6.5）μm，球形，无色。

分布： 亚洲、欧洲和北美洲。

生境： 夏、秋季生于腐木上。

食药用价值： 可食用。

2. 杨树桑黄

Fuscoporia gilva (Schwein.) T. Wagner & M. Fisch.

宏观特征：菌盖瓦状叠生，新鲜时软木栓质，干燥后木栓质，长可达15cm，宽达7cm，厚3~5cm，半圆形到贝壳形。表层灰棕色到浅黄褐色，不明显的环状沟槽和环状纹路，光滑至褶皱。边缘锐利或钝，和菌盖表层同色或颜色略浅。

微观特征：孢子（4.0~5.0）μm ×（3.0~3.5）μm，椭圆形，无色。

生境：夏、秋季生于杨树等阔叶树树干上。

分布：亚洲和非洲。

食药用价值：可药用。

3. 淡黄木层孔菌

Phellinus gilvus (Schwein.) Pat.

宏观特征：菌盖覆瓦状，宽1～4cm，长1.5～10cm，厚0.2～1.5cm，半圆形，平状而反卷，锈褐色、浅朽叶色至浅栗色，无环带，表面常有黄色粗毛或粗糙，边缘薄锐。菌肉浅锈黄色至锈褐色。菌管长0.2～0.7cm，罕有2～3层，管口咖啡色至浅烟色。刚毛多，褐色，锥形。

微观特征：孢子（4.0～5.0）μm ×（3.5～4.0）μm，宽椭圆形至近球形，无色。

生境：夏、秋季生于阔叶树或针叶树的腐木、枯立木或倒木上。

分布：世界广泛分布。

食药用价值：可药用，有补脾、祛湿、健胃等功效。

4. 鲍姆桑黄孔菌

Sanghuangporus baumii (Pilát) L.W. Zhou & Y.C. Dai

宏观特征：菌盖呈马蹄形，外伸可达7cm，宽达10cm，基部厚达4cm，灰黑色至黑褐色，具同心环带和浅的沟纹，开裂，边缘钝，污褐色。菌肉褐色至污褐色，厚达1cm。子实体表面暗褐色，孔多角形，每毫米5~10个。不育边缘明显，黄褐色。菌管分层明显，与孔口同色，长达3cm。

微观特征：孢子（3.0~4.0）μm ×（2.5~3.5）μm，宽椭圆形，浅黄色。

生境：夏、秋季生于阔叶树的活立木或倒木上。

分布：亚洲。

食药用价值：可药用。

二、不确定的科 Incertae sedis

二形附毛菌

Trichaptum biforme (Fr.) Ryvarden

宏观特征：菌盖宽1～5cm，半圆形至扇形，单生或覆瓦状排列并左右相连，表面具放射状的粗毛，近白色或灰白色，具有浅土黄色、浅土褐色相间的环纹，具有细长绒毛，边缘薄而锐，波浪状，稍内卷。菌肉近白色或木材色。菌管与菌肉同色或色稍深。孔面浅褐色或堇紫色，管口不规则形，往往裂成齿状，高低不平。

微观特征：孢子（4.5～5.5）μm ×（2.0～3.0）μm，圆柱形，稍弯曲，无色。

生境：春末至夏秋叠生于阔叶树原木或树桩上。

分布：亚洲、欧洲、南美洲、北美洲和大洋洲。

食药用价值：食药兼用。

三、里肯菇科 Rickenellaceae

纤维杯革菌

Cotylidia fibrae L. Fan & C. Yang

宏观特征：子实体漏斗形至扇形，高1.7～3.5cm，宽1.5～3cm。菌盖圆形，深漏斗状，皮质，非常薄，表面边缘浅灰黄色，向中心变成白色，有时有环层带，上面覆盖着明显的白色纤维，不是具粉霜。菌柄长1～1.5cm，粗0.3～0.5cm，中生，白色至非常淡黄色，被绒毛，基部有白色菌丝。

微观特征：孢子（5.0～6.0）μm ×（3.0～3.5）μm，椭圆形至长圆形，有一个明显的细尖，无色。

生境：夏、秋季簇生于针叶林或混交林地上。

分布：亚洲、欧洲、南美洲和北美洲。

食药用价值：尚不明确。

第八节　鬼笔目 Phallales

鬼笔科 Phallaceae

1. 五棱散尾鬼笔

Lysurus mokusin (L. f.) Fr.

宏观特征：菌蕾宽1～4cm，白色，近卵形或卵圆形。子实体张开后高6～13cm。头部高1～2cm，纺锤形或蛋形的灯笼状结构，黏液深棕色。菌柄长5～13cm，粗1～1.5cm，棱柱形，具明显纵行凹槽，肉色至粉红色，海绵状，外表呈凹凸不平的泡状，中空。菌托苞状，白色，高2～3cm。

微观特征：孢子（3.0～4.0）μm ×（1.0～2.0）μm，近圆柱状、短杆状，近无色至淡色。

生境：夏、秋季散生于阔叶林地上。

分布：亚洲、欧洲、北美洲和大洋洲。

食药用价值：有毒。可药用，抑肿瘤。

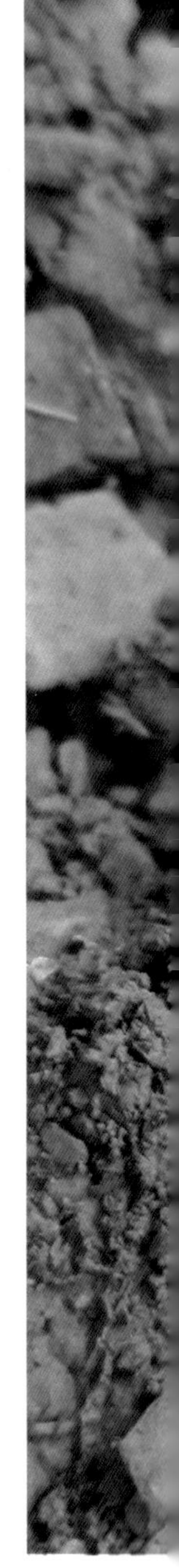

2. 狗蛇头菌

Mutinus caninus (Schaeff.) Fr.

宏观特征： 菌盖宽1～2cm，与柄无明显界限，鲜红色，圆锥状，顶端具小孔，表面近平滑或有疣状凸起，其上有暗绿色黏稠且腥臭气味的孢体。后期经雨水冲刷掉其上暗绿色孢体仍呈鲜红色。菌柄粗0.8～1cm，圆柱形，似海绵状，中空，上部粉红色，向下部渐呈白色。菌托长2～3cm，粗1～1.5cm，白色，卵圆形或近椭圆形。

微观特征： 孢子（3.5～5.0）μm ×（1.5～2.5）μm，长椭圆形，无色。

生境： 夏、秋季单生或散生于落叶松和阔叶树混交林地上。

分布： 亚洲、欧洲、南美洲、北美洲和大洋洲。

食药用价值： 有报道有毒。

3. 白鬼笔

Phallus impudicus L.

宏观特征：菌盖宽2～3.5cm，高2～4cm，钟状，青褐色，贴生于菌柄顶部，外表面有大而深的网格，成熟后，顶部平坦，且有孔。包被成熟时从顶部开裂形成菌托。担子果呈粗毛笔状，孢托由菌柄及柄顶部的菌盖所组成，高5～17cm，宽2～5cm。菌柄白色，海绵状，中空，基部有白色或浅黄色菌素。

微观特征：孢子（3.0～4.5）μm ×（2.0～2.5）μm，长椭圆形至椭圆形，无色或近无色。

生境：夏、秋季群生或单生于针阔混交林地上。

分布：世界广泛分布。

食药用价值：可食用。可药用，菌柄及菌托具有活血化瘀的功效。

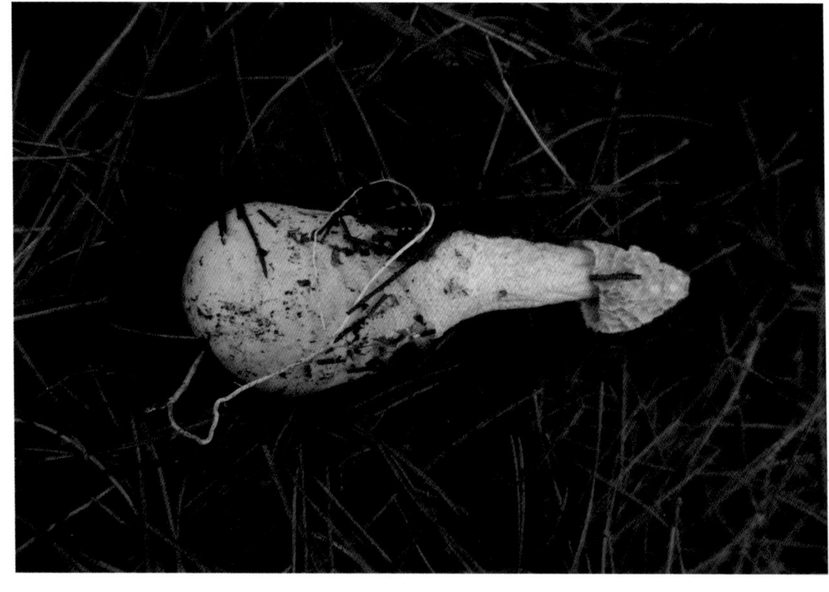

第九节　多孔菌目 Polyporales

一、下皮黑孔菌科 Cerrenaceae

1. 单色下皮黑孔菌
Cerrena unicolor (Bull.) Murrill

宏观特征：子实体木栓质，长2～8cm，宽1～5cm，菌盖侧生或平伏而翻卷，无柄，覆瓦状，盖面白色至灰色或浅褐色，有细长毛或粗毛，有同心环带。菌肉白色至淡褐色。菌管长1～4mm，后期裂成齿片状，但边缘处仍保持孔状或迷宫状，每毫米约2个。

微观特征：孢子（4.0～6.0）μm ×（3.0～4.0）μm，椭圆形，无色。

生境：夏、秋季叠生于阔叶树的树干或树枝上。

分布：亚洲、欧洲和北美洲。

食药用价值：可药用，具抗癌作用。

2. 环带下皮黑孔菌

Cerrena zonata (Berk.) Ryvarden

宏观特征：子实体新鲜时革质，干后硬革质。菌盖宽可达5cm，表面新鲜时橘黄至黄褐色，具环纹，边缘薄，干后内卷。菌肉革质，厚可达4mm。菌管单层，干后硬纤维质，孔口橘黄色至黄褐色，近圆形，每毫米2~4个。

微观特征：孢子（12.5~16.5）μm ×（3.0~4.0）μm，长椭圆形，无色。

生境：夏、秋季叠生于阔叶树倒木或落枝上，引起木材白色腐朽。

分布：亚洲、欧洲和大洋洲。

食药用价值：尚不明确。

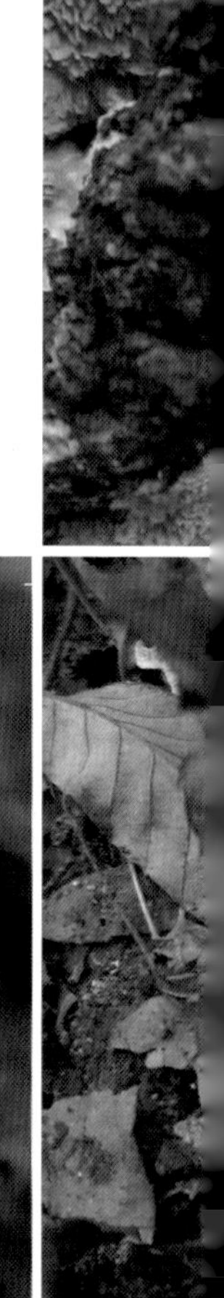

二、不确定的科 Incertae sedis

白褐波斯特孔菌

Fuscopostia leucomallella (Murrill) B.K. Cui

宏观特征：子实体木栓质。菌盖长扇形，长3～7cm，宽2～3cm，边缘呈波浪状，有时重叠在管层上，上表面白色，有绒毛，伤变青褐色到红棕色。表皮薄，随着年龄的增长撕裂成齿状。菌管长0.4～0.5cm，白色。

微观特征：孢子（4.0～5.0）μm ×（1.0～1.5）μm，香肠形，无色。

生境：夏、秋季单生或群生于针叶树上。

分布：亚洲和欧洲。

食药用价值：尚不明确。

三、干皮菌科 Incrustoporiaceae

薄皮干酪菌

Tyromyces chioneus (Fr.) P. Karst.

宏观特征：子实体木栓质。菌盖长3～7cm，宽2～4cm，半圆形，扁平到基部凸起，表面初期白色，老时近米黄色到灰白色，近光滑，有绒毛，渐脱落，边缘波状，下侧无子实层。菌肉鲜时肉质，白色，干后酪质，乳白色。菌管近白色。孔面近白色或淡褐色到褐色，管口近圆形、多角形到不规则形，有时呈齿裂状。

微观特征：孢子（4.0～5.5）μm ×（1.5～2.0）μm，圆柱形，无色。

生境：夏、秋季生于桦树和其他阔叶树腐木上。

分布：亚洲、欧洲和北美洲。

食药用价值：尚不明确。

四、耙齿菌科 Irpicaceae

1. 革质絮干朽菌

Byssomerulius corium (Pers.) Parmasto

宏观特征：子实体贴生，通常平伏，偶尔平伏反卷。菌盖反卷，长5～30cm，宽2～4cm，新鲜时表面奶油色，具微绒毛，韧革质，干后粗糙，浅黄色，有环纹，较脆。子实层初期光滑，后期具不规则瘤突，新鲜时乳白色，干后锈黄色。边缘颜色较浅，光滑。菌肉层较薄。

微观特征：孢子（4.0～9.0）μm ×（2.0～4.5）μm，椭圆形或近椭圆形，无色。

生境：夏、秋季生于阔叶树死树、倒木或落枝上。

分布：亚洲、欧洲、北美洲和大洋洲。

食药用价值：尚不明确。

2. 乳白耙菌

Irpex lacteus (Fr.) Fr.

宏观特征：子实体在基物表面平伏生长，边缘反卷，有时则完全平伏，反卷的菌盖部分长0.5～3.5cm，宽0.8～1.5cm。菌盖表面白色，密被短绒毛，环纹往往不很明显，边缘薄，波状，起伏。菌肉白色，革质，韧，干后硬。子实层体白色、乳白色至淡黄色。菌齿或菌管与子实层体同色，长可达3mm。

微观特征：孢子（5.0～7.0）μm ×（2.0～3.0）μm，椭圆形，无色。

生境：夏、秋季生于阔叶树的树皮及木材上，往往大量成片生长。

分布：亚洲、欧洲、南美洲和北美洲。

食药用价值：药用，治疗尿少、浮肿、腰痛、血压升高等症，具抗炎活性。

五、原毛平革菌科 Phanerochaetaceae

变红彩孔菌

Hapalopilus rutilans (Pers.) Murrill

宏观特征：新鲜时软革质或近肉质，多汁液，干后木栓质。菌盖半圆形或近圆形，外伸可达7cm，宽可达14cm，表面浅土黄色至浅茶褐色，初期被绒毛，后期光滑，无环带和放射状纵条纹，遇KOH液变为紫色。菌肉与菌盖同色。管口多角形或不规则，同菌盖表面色。

微观特征：孢子（3.0～4.0）μm ×（2.0～3.0）μm，椭圆形或卵形，无色。

生境：秋季单生于桦树等阔叶树枯立木和倒木上。

分布：亚洲、欧洲和北美洲。

食药用价值：神经精神型毒蘑菇。

六、柄杯菌科 Podoscyphaceae

二年残孔菌

Abortiporus biennis (Bull.) Singer

宏观特征：子实体木栓质。菌盖半圆形到近圆形，宽3～12cm，盖面米黄色至灰褐色，表面有细绒毛。菌肉海绵质，靠近菌盖处为浅咖啡色，靠近菌管处为浅木色。孔口表面白色、淡黄褐色至茶褐色。孔口多角形至迷宫状。无柄或有短柄。

微观特征：孢子（4.5～6.5）μm ×（3.5～5.0）μm，宽椭圆形，光滑，无色。

生境：夏、秋季覆瓦状叠生于阔叶树的倒木或树桩上。

分布：亚洲、欧洲、北美洲和大洋洲。

食药用价值：可入药，具有抑制肿瘤作用。

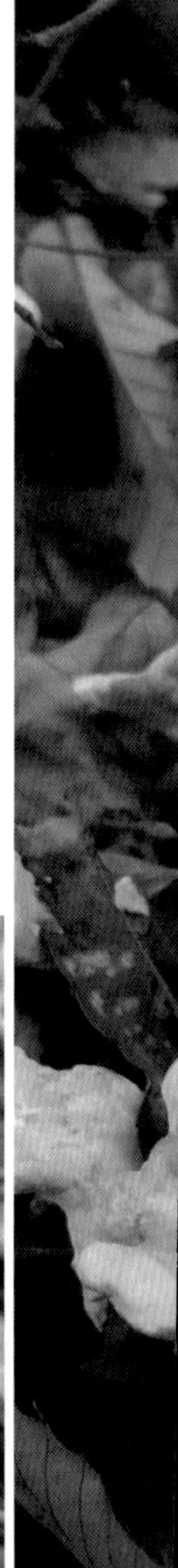

七、多孔菌科 Polyporaceae

1. 多变蜡孔菌

Cerioporus varius (Pers.) Zmitr. & Kovalenko

宏观特征：菌盖宽2～8cm，圆形至肾形，暗黄色或淡棕色，表面有贴生的绒毛。孔面白色至浅黄色，孔口每毫米3～5个。菌柄中生或偏生，长1～3cm，粗0.2～0.7cm，常弯曲，上半部常淡灰棕色，基部深黄褐色。

微观特征：孢子（8.0～10）μm ×（2.5～3.5）μm，圆柱形，无色。

生境：夏、秋季群生于阔叶树腐木上。

分布：世界广泛分布。

食药用价值：尚不明确。

2. 毛盖灰蓝孔菌

Cyanosporus hirsutus B.K. Cui & Shun Liu

宏观特征： 菌盖长3.5～7cm，宽2～5cm，扇形至半圆形，表面新鲜时淡灰色至浅灰棕色，伴有蓝灰色区域，干后变为灰色至灰棕色。菌肉白色，软木栓质。孔口表面新鲜时奶油色，干后变成淡黄色至橄榄米色，不育边缘狭窄至几乎缺乏。孔口角形，每毫米5～7个，管口壁薄，全缘。

微观特征： 孢子（4.0～5.0）μm ×（1.0～1.5）μm，圆柱形，稍弯曲，无色。

生境： 夏、秋季群生于针叶树上。

分布： 亚洲。

食药用价值： 尚不明确。

3. 粗糙拟迷孔菌

Daedaleopsis confragosa (Bolton) J. Schröt.

宏观特征：菌盖长7～20cm，宽5～12cm，半圆形、扇形或近似圆形，表面干燥，光滑或有细毛，浅灰色、棕色至红褐色。孔口表面白色至暗褐色，发育为近圆形或菌褶状。

微观特征：孢子（7.0～11）μm ×（2.0～3.0）μm，圆柱形，无色。

生境：夏、秋季叠生于多种阔叶树腐木上。

分布：亚洲、欧洲和北美洲。

食药用价值：可药用，有抗癌作用。

4. 树舌灵芝

Ganoderma applanatum (Pers.) Pat.

宏观特征：菌盖长10～50cm，宽5～35cm，半圆形、扁半球形或扁平，基部常下延，表面灰色，渐变褐色，有同心环纹棱，有时有瘤，皮壳胶角质，边缘较薄。菌肉浅栗色，有时近皮壳处白色后变暗褐色。孔口圆形。无柄或几乎无柄。

微观特征：孢子（6.5～9.0）μm ×（4.5～6.5）μm，卵形，褐色至黄褐色。

生境：夏、秋季生于杨、桦、柳等阔叶树枯立木、倒木和伐桩上。

分布：世界广泛分布。

食药用价值：可药用，有抑制肿瘤、保肝护肝、清热、化积等作用。

5. 有柄灵芝

Ganoderma gibbosum (Blume & T. Nees) Pat.

宏观特征：菌盖近圆形，长5～10cm，宽4～9cm，灰白色，无漆样光泽，趋向边缘有明显细密环纹，无纵皱。菌肉不分层，均匀红褐色。菌管暗褐色，长0.2～0.9cm。菌孔表面污白色或浅褐色，管口近圆形，每毫米4～5个。菌柄长4～6cm，宽2～2.5cm，偏生，灰白色，无光泽。

微观特征：孢子（7.0～9.0）μm ×（5.0～5.5）μm，卵圆形，有时顶端平截，双层壁，外壁无色透明，平滑，内壁有小刺，淡褐色。

生境：夏、秋季单生于多种阔叶树腐木上。

分布：亚洲和南美洲。

食药用价值：可药用，能祛风除湿、清热、止痛等。

6. 灵芝

Ganoderma lingzhi Sheng H. Wu, Y. Cao & Y.C. Dai

宏观特征：菌盖平展，外伸可达12cm，宽可达16cm，幼时浅黄色、浅黄褐色至黄褐色，成熟时黄褐色至红褐色，边缘钝或锐，有时微卷。菌肉木材色至浅褐色，双层，上层菌肉颜色浅，下层菌肉颜色深。菌管褐色，木栓质，颜色明显比菌肉深。孔口表面幼时白色，成熟时硫黄色，触摸后变褐色或深褐色，干燥时淡黄色，近圆形或多角形，每毫米5～6个，边缘薄，全缘。不育边缘明显，宽可达0.5cm。菌柄扁平状或近圆柱形，幼时橙黄色至浅黄褐色，成熟时红褐色至紫黑色，长可达20cm，粗可达3.5cm。

微观特征：孢子（9.0～11）μm ×（6.5～8.0）μm，椭圆形，顶端平截，双圆形层壁，内壁具小刺，浅褐色。

生境：夏、秋季生于壳斗科树木倒木和腐木上。

分布：亚洲。

食药用价值：重要药用菌，具有抑制肿瘤、提高免疫力等作用。

7. 漏斗韧伞

Lentinus arcularius (Batsch) Zmitr.

宏观特征： 菌盖宽3~5cm，新鲜时乳黄色，干后黄褐色，被暗褐色或红褐色鳞片，边缘锐，干后略内卷。菌肉淡黄色至黄褐色。孔口多角形，表面干后浅黄色或橘黄色，每毫米1~4个，边缘薄，撕裂状。菌管与孔口表面同色，长可达2mm。菌柄长3~5cm，粗0.3~0.5cm，与菌盖同色，干后皱缩。

微观特征： 孢子（5.0~8.0）μm ×（1.5~2.5）μm，圆柱形，略弯曲，无色。

生境： 夏、秋季单生或群生于阔叶树腐木上。

分布： 亚洲和北美洲。

食药用价值： 尚不明确。

8. 桦革裥菌

Lenzites betulinus (L.) Fr.

宏观特征：菌盖宽2.5～10cm，半圆形或近扇形，有细绒毛，新鲜时初期浅褐色，有密的环纹和环带，后呈黄褐色、棕褐色，老时变灰白色至灰褐色。菌肉白色或近白色，后变浅黄色至土黄色。菌褶初期近白色，后期土黄色，少分叉，干后波状弯曲，褶缘完整或近齿状。无菌柄。

微观特征：孢子（4.0～6.0）μm ×（2.0～3.5）μm，近球形至椭圆形，无色。

生境：夏、秋季覆瓦状生长于多种阔叶树腐木上，有时生于云杉、冷杉等针叶树腐木上。

分布：世界广泛分布。

食药用价值：药用，可治腰腿疼痛、手足麻木、筋络不舒、四肢抽搐等病症。

9. 奇异脊革菌

Lopharia cinerascens (Schwein.) G. Cunn.

宏观特征：担子果平伏，长达45cm，宽达25cm，厚达3mm。子实层面淡黄色至淡褐色，干后灰黄色，边缘奶油色，宽达0.1cm。子实层面不规则，年幼时似孔状，后期变成耙齿状、迷宫状。菌肉有两层，上层淡灰色，毡状，软。下层木材色至灰黄色。

微观特征：孢子（9.0~12）μm ×（5.5~7.5）μm，椭圆形，无色。

生境：夏、秋季生于阔叶树倒木和朽木上。

分布：亚洲、南美洲、北美洲和大洋洲。

食药用价值：尚不明确。

10. 新棱孔菌

Neofavolus alveolaris (DC.) Sotome & T. Hatt.

宏观特征：菌盖宽2～7cm，近圆形或扇形，表面颜色不均匀，橙色，后为淡黄色或近白色。菌肉白色。菌管菱形，呈放射状，白色，接近菌柄处为浅黄色，较密。菌柄短。

微观特征：孢子（9.5～13）μm ×（3.5～4.5）μm，椭圆形，无色。

生境：夏、秋季单生或群生于阔叶树腐木上。

分布：世界广泛分布。

食药用价值：可药用，有抑制肿瘤作用。

11. 拟黑柄黑斑根孔菌

Picipes submelanopus (H.J. Xue & L.W. Zhou) J.L. Zhou & B.K. Cui

宏观特征：菌盖宽5～8 cm，漏斗状，棕黄色至浅棕色，无毛，干燥时起皱，边缘尖锐，干燥时向下弯。菌孔表面白色至奶油色，圆形至角形孔隙。菌柄长5～9cm，粗0.6～1.2cm，木栓质，基部有一层黑褐色的角质层。孔口表面白色，孔口近圆形。

微观特征：孢子（9.0～10）μm ×（3.0～4.0）μm，圆柱形，无色。

生境：夏、秋季单生于阔叶树腐木上。

分布：亚洲。

食药用价值：尚不明确。

12. 猪苓多孔菌

Polyporus umbellatus (Pers.) Fr.

宏观特征：子实体由菌核发出，有柄，菌柄多次分枝而形成一丛。菌盖圆形，中部脐状，宽1～4cm，近白色至浅褐色，有淡黄色的纤维质鳞片，无环纹，肉质，边缘内卷。管口面白色至浅黄色，菌管圆形至多角形。菌柄基部较粗，向上渐细并多次分枝，白色至灰白色。菌肉薄，白色。菌管单层，与菌肉同色。菌核呈不规则块状或球状，表面凹凸不平，有瘤状凸起，表面棕黑色或黑褐色，有油漆光泽，内部白色至淡褐色，半木质化，干燥后坚而不实，较轻，略带弹性。

微观特征：孢子（7.0～10）μm ×（3.5～4.5）μm，圆柱形，无色。

生境：夏、秋季生于多种阔叶树林地上，菌核埋生于地下树根旁。

分布：亚洲、欧洲和北美洲。

食药用价值：食药兼用，可人工栽培。

13. 血红栓菌

Pycnoporus sanguineus (L.) Murrill

宏观特征：菌盖宽2～11cm，半圆形或扇形，朱红色，无环纹，有细绒毛或无毛，稍有皱纹。菌肉橙色。孔口表面红色，孔口每毫米2～4个。

微观特征：孢子（4.5～6.0）μm ×（2.0～2.5）μm，椭圆形，微黄色或近无色。

生境：夏、秋季群生或叠生于针阔混交林腐木上。

分布：世界广泛分布。

食药用价值：药用，具有抑制肿瘤、解毒、祛风除湿、清热解毒等作用。

14. 硬毛栓菌

Trametes hirsuta (Wulfen) Lloyd

宏观特征：菌盖宽2～10cm，半圆形或扇形，表面有不明显同心环纹，浅黄色至淡褐色。菌肉白色至淡黄色。孔口表面白色，孔口圆形至多角形。

微观特征：孢子（6.0～7.5）μm ×（2.0～2.5）μm，圆柱状或腊肠形，无色。

生境：夏、秋季单生或覆瓦状叠生于阔叶树的活立木、枯立木和伐木桩上。

分布：亚洲、欧洲、南美洲、北美洲和大洋洲。

食药用价值：药用，具有治疗风湿、止咳、治疗化脓、抑制肿瘤等作用。

15. 毛栓菌

Trametes trogii Berk.

宏观特征：菌盖半圆形或近贝壳形，外伸可达12cm，宽可达16cm，表面黄褐色，被密硬毛，边缘钝或锐。菌肉浅黄色，厚可达1cm。菌管与菌肉同色，木栓质，长可达2cm。孔口表面初期乳白色，后期黄褐色至暗褐色，孔口近圆形，每毫米1~3个。

微观特征：孢子（7.5~9.5）μm ×（3.0~4.0）μm，圆柱形，无色。

生境：夏、秋季多生于杨树和柳树上，造成木材白色腐朽。

分布：世界广泛分布。

食药用价值：尚不明确。

16. 膨大栓菌

Trametes strumosa (Fr.) Zmitr., Wasser & Ezhov

宏观特征：菌盖外伸4～9cm，宽2.5～5cm，半圆形或肾形，表面平坦，无毛，浅褐灰色至浅烟色，有不明显环带。菌肉茶灰色至浅茶褐色。菌管暗黄褐色，长达0.5cm。孔面乳灰色至灰褐色，管口略圆形，厚而完整，每毫米3～4个。

微观特征：孢子（7.5～10）μm ×（3.0～4.0）μm，圆柱形，无色。

生境：夏、秋季单生或群生于阔叶树腐木上。

分布：亚洲、非洲和大洋洲。

食药用价值：可药用。

17. 变色栓菌

Trametes versicolor (L.) Lloyd

宏观特征：菌盖外伸可达8cm，宽可达10cm，扇形或贝壳状，表面有细长绒毛以及褐色、灰褐色和污白色等多种颜色组成的狭窄的同心环带，边缘薄、白色、波浪状。菌肉白色，薄，纤维质，干后纤维质至近革质。无菌柄。管口面白色、淡黄色或灰色。

微观特征：孢子（4.5～5.5）μm ×（1.5～2.0）μm，圆柱形，无色。

生境：春至秋季叠生于多种阔叶树倒木、枯枝和树桩上。

分布：世界广泛分布。

食药用价值：可药用，具有清热、消炎、抑制肿瘤、治疗肝病等作用。

第十节　红菇目 Russulales

一、耳匙菌科 Auriscalpiaceae

1. 杯密瑚菌

Artomyces pyxidatus (Pers.) Jülich

宏观特征：子实体高3～14cm，初期近白色，渐变淡黄色或粉红色，老后或伤后变为暗土黄色。菌肉薄，白色至污白色，质脆。菌柄高3～14cm，粗0.2～0.3cm，向上膨大，顶端杯状，由杯缘分出一轮小枝，各枝顶端又膨大成杯状，杯缘再生一轮小枝，如此多次自下而上分枝，最上层小枝顶端呈小杯状。

微观特征：孢子（3.5～4.5）μm ×（2.0～3.0）μm，椭圆形，无色。

生境：夏、秋季丛生或群生于阔叶树腐木上。

分布：亚洲、欧洲、非洲和北美洲。

食药用价值：可食用。可药用，和胃缓中，祛风。

2. 耳匙菌

Auriscalpium vulgare Gray

宏观特征： 子实体新鲜时革质至软木栓质，勺形或耳匙状。菌盖半圆形或肾形至心脏形，宽0.5～2cm，表面灰褐色至红褐色，被硬毛，边缘锐。菌肉干后褐色，木栓质，无环区，厚可达0.2mm。菌齿短而锥形，末端渐尖，长1～2mm，初期黄灰色，后呈浅褐色，老后黑褐色。菌柄长3.5～8cm，粗0.2～0.5cm，基部膨大，内部实心，表面绒毛密集，同菌盖色。

微观特征： 孢子（4.5～5.5）μm ×（3.5～4.5）μm，宽椭圆形，具小疣突，近无色。

生境： 夏、秋季单生或群生于松科植物的球果上。

分布： 亚洲、欧洲和北美洲。

食药用价值： 尚不明确。

3. 海狸色螺壳菌

Lentinellus castoreus (Fr.) Kühner & Maire

宏观特征：菌盖宽2～5 cm，表面大面积被绒毛，边缘稍少，近基部处绒毛密而厚，附在菌盖表面密布呈毯状，赭棕色，或稍带粉红棕色，幼时边缘内卷，无条纹。菌肉薄，污白色，厚实。菌褶密而厚，深度延生，肉色至淡棕色，干后或老时粉棕色至淡棒色。无菌柄，基部宽，并带有淡红棕色至棕色的绒毛。

微观特征：孢子（4.0～5.0）μm ×（3.0～3.5）μm，椭圆形至宽椭圆形，表面疣突，无色。

生境：夏、秋季生于针阔混交林腐木上。

分布：亚洲、欧洲、北美洲和大洋洲。

食药用价值：可食用，子实体气味弱，稍麻辣。

4. 螺壳菌

Lentinellus cochleatus (Pers.) P. Karst.

宏观特征：菌盖宽3～5.5cm，初时有细毛，后光滑，有细条纹，茶褐色或浅黄褐色，成熟后为浅土黄色，菌盖边缘较薄，且似有条纹。菌肉较薄，白色。菌褶延生，白色。菌柄长2.5～4cm，粗0.5～1cm，侧生，短，同菌盖色，较韧，中实。

微观特征：孢子（5.0～6.0）μm ×（4.0～5.0）μm，近球形，无色。

生境：夏、秋季群生于针叶树腐木上。

分布：亚洲、欧洲、北美洲和大洋洲。

食药用价值：可食用。

5. 扇形螺壳菌

Lentinellus flabelliformis (Bolton) S. Ito

宏观特征：菌盖宽2.5～4cm，扇形、贝壳形，近基部有绒毛，边缘为棕色，中间为白色，边缘有纵向条纹。菌肉薄，白色，干后呈现黄色。菌褶比较密，乳白色至浅黄色，边缘为锯齿状。菌柄很短，近乎没有。

微观特征：孢子（5.5～7.0）μm ×（3.5～4.5）μm，近球形，无色。

生境：夏、秋季簇生于阔叶树腐木上。

分布：亚洲、欧洲和北美洲。

食药用价值：尚不明确。

二、猴头菌科 Hericiaceae

猴头菌

Hericium erinaceus (Bull.) Pers.

宏观特征：子实体一年生，无柄或具非常短的侧生柄，新鲜时肉质，后期软革质，干燥后奶酪质或软木栓质。菌盖宽可达25cm，近球形。表面雪白色至乳白色，后期浅乳黄色，干后木材色，具微绒毛，干后粗糙，无同心环纹。菌齿表面新鲜时雪白色或奶油色，干后黄褐色，强烈收缩，圆柱形，从基部向顶部渐尖，新鲜时肉质，干后硬纤维质，长达1cm。菌肉干后木材色，奶酪质或软木栓质。菌柄白色或乳白色，干后软木栓质，长可达2cm，宽达2cm。

微观特征：孢子（5.5~7.5）μm ×（5.0~6.0）μm，近球形，无色。

生境：秋季生于阔叶林或针阔混交林树上。

分布：亚洲、欧洲和北美洲。

食药用价值：重要食药用菌。具有滋补健身、助消化、利五脏的功能，对消化道肿瘤、胃溃疡和十二指肠溃疡、胃炎、腹胀等有一定疗效。

三、红菇科 Russulaceae

1. 相似乳菇
Lactarius ambiguus X.H. Wang

宏观特征：菌盖宽3～7cm，平展，中部微下凹，边缘稍内卷，颜色不均匀，边缘浅褐色，中部深褐色。菌肉较薄，浅黄色。菌褶较密，延生。菌柄长5.5～8cm，粗0.5～1.0cm，浅褐色，实心。

微观特征：孢子（8.5～10）μm ×（6.5～7.5）μm，宽椭圆形，表面有小疣，无色。

生境：夏、秋季群生于落叶阔叶林地上。

分布：世界广泛分布。

食药用价值：尚不明确。

2. 松乳菇

Lactarius deliciosus (L.) Gray

宏观特征：菌盖宽4～10cm，扁半球形，中央脐形，伸展后下凹，虾仁色、胡萝卜黄色或深橙色，有或没有环带，后色变淡，伤后变绿色，特别是菌盖边缘部分变化显著，边缘最初内卷，后平展，湿时黏，无毛。菌肉初带白色，后变胡萝卜黄色。乳汁量少，橘红色。菌褶稍密，直生或稍延生，同菌盖同色，褶间具横脉，伤或老后变绿色。菌柄长2～5cm，粗0.7～2cm，近圆柱形或向基部渐细，有时具暗橙色凹窝，色同菌褶或更浅，伤后变绿色，内部松软后变中空。

微观特征：孢子（8.0～10）μm ×（7.0～8.0）μm，宽椭圆形，有疣和网纹，无色。

生境：夏、秋季单生或群生于针阔叶林地上。

分布：世界广泛分布。

食药用价值：食用菌。

3. 粗质乳菇

Lactarius deterrimus Gröger

宏观特征：菌盖宽3～10cm，起初凸起，后逐渐变宽而变平，或者稍微凹一点，表面带有红色鳞片。菌肉灰橙色，无明显味道。菌褶直生，橙色。菌柄长3～6cm，粗0.3～0.6cm，近盖色，上下等粗。

微观特征：孢子（7.0～10）μm ×（6.5～7.5）μm，椭圆形，表面有小刺，无色。

生境：夏末至秋季单生于针叶林地上。

分布：亚洲和欧洲。

食药用价值：可食用。

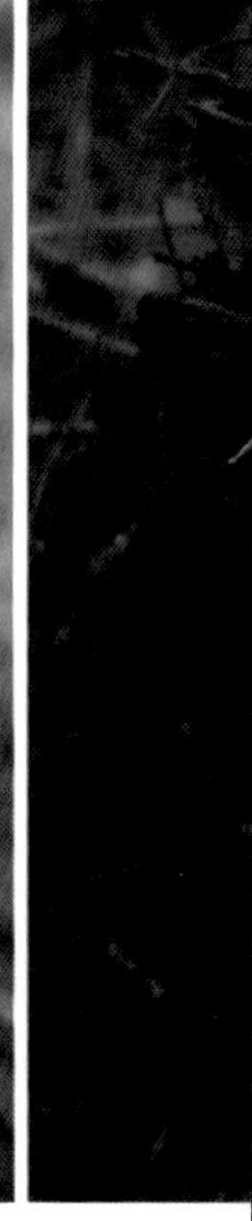

4. 横断山乳菇

Lactarius hengduanensis X.H. Wang

宏观特征：菌盖宽4～6cm，浅棕色至棕褐色，呈杯状，中部凹陷，表面具有深棕色放射状条纹，边缘颜色较浅，且微微内卷。菌肉较薄，棕色。菌褶延生，棕色。菌柄长5～8cm，粗1～2cm，棕色至棕褐色，圆柱形，中空。

微观特征：孢子4.5～6.0μm，球形，具疣状网纹，无色。

生境：夏、秋季单生于针叶林地上。

分布：亚洲。

食药用价值：尚不明确。

5. 近毛脚乳菇

Lactarius subhirtipes X.H. Wang

宏观特征：菌盖宽2～5cm，最初凸出，有圆锥形乳头，后凹入，随生长呈浅漏斗状，表面干燥，湿时光滑，有时有细皱纹，吸湿，幼时呈褐橙色，成熟时呈灰橙色到棕橙色，中间的颜色更深。菌褶灰橙色，成熟后变成红褐色。菌柄长3～9cm，粗2～5cm，等粗或向下渐粗，圆柱形，中空，表面干燥，浅棕色至棕色，基部通常带有苍白的长毛。

微观特征：孢子（5.5～7.0）μm ×（6.0～7.5）μm，近球形至球形，有小刺和棱纹，近无色。

生境：夏、秋季单生或群生于针叶林地上。

分布：亚洲、欧洲、南美洲、北美洲和大洋洲。

食药用价值：尚不明确。

6. 疝疼乳菇
Lactarius torminosus (Schaeff.) Pers.

宏观特征：菌盖宽5～11.5cm，扁半球形，中部略微下凹并且呈现漏斗状，边缘内卷，暗土黄色至深黄色，表面具有同心环纹，边缘被白色长绒毛所覆盖，有白色乳汁。菌肉白色，伤变时不变色。菌褶直生，致密，成熟时颜色为白色，后期变为浅粉红色。菌柄长4～5.5cm，粗1.0～1.5cm，深蛋壳色至暗土黄色。

微观特征：孢子（8.0～10.5）μm ×（7.0～9.0）μm，宽椭圆形，表面有小刺，无色。

生境：夏、秋季散生或群生于针阔混交林地上。

分布：亚洲、欧洲、北美洲和大洋洲。

食药用价值：胃肠炎型毒蘑菇。

7. 轮纹乳菇

Lactarius zonarius (Bull.) Fr.

宏观特征：菌盖宽5～8cm，中部呈漏斗形，边缘内卷，米色或灰黄色，湿时稍黏，有橘色同心环纹，具白色粉末状软毛。菌肉白色，厚。菌褶密集，延生，米黄色，后渐变为赭石色或黄棕色，不等长。乳汁白色，干后变灰或棕灰色。菌柄长2～3cm，粗0.8～1.2cm，圆柱形，白色至浅肉桂色，内部松软，后变中空。

微观特征：孢子（8.0～9.5）μm ×（6.5～7.0）μm，球形，有小疣，浅黄色。

生境：夏、秋季群生于针阔混交林地上。

分布：亚洲、欧洲和北美洲。

食药用价值：可药用，用于治疗腰酸腿疼、手足麻木。

8. 褪绿红菇

Russula atroglauca Einhell.

宏观特征：菌盖宽4～8cm，边缘整齐，表面灰绿色，有不规则裂纹。菌肉较厚，乳白色。菌褶直生，白色，等长。菌柄长3.0～6.5cm，粗1.0～2.0cm，白色，等粗。

微观特征：孢子（6.5～8.5）μm ×（5.0～7.0）μm，宽椭圆形至圆形，有小刺，无色。

生境：夏、秋季单生或群生于阔叶林地上。

分布：亚洲、欧洲、北美洲和大洋洲。

食药用价值：有报道可食用，味道辛辣。

9. 葡紫红菇

Russula azurea Bres.

宏观特征：菌盖宽2.5～6cm，扁半球形，后平展，中部微下凹，表面有粉或微细颗粒，丁香紫至紫褐色。菌肉较厚，白色。菌褶直生或稍延生，白色，等长。菌柄长2.5～6cm，粗0.5～1.5cm，白色，中部略膨大或向下渐细，内部松软。

微观特征：孢子（7.5～9.0）μm ×（6.5～7.5）μm，近椭圆形，有小刺，无色。

生境：夏、秋季生于针叶林或针阔混交林地上，与树木形成外生菌根。

分布：亚洲、欧洲和北美洲。

食药用价值：可食用。

10. 迟生红菇

Russula cessans A. Pearson

宏观特征：菌盖宽3~7cm，凸起至平凸，深红色到紫红色，中心颜色较深。菌褶延生，淡黄色。菌柄长3~8cm，粗1~2cm，基部略微膨胀，白色。菌肉白色。孢子印黄色。

微观特征：孢子（8.0~9.0）μm ×（7.0~8.0）μm，宽椭圆形或近圆形，粗糙，无色。

生境：夏、秋季群生于白松或其他松树的根部。

分布：亚洲、欧洲和北美洲。

食药用价值：尚不明确。

11. 蓝黄红菇

Russula cyanoxantha (Schaeff.) Fr.

宏观特征：菌盖宽4～15cm，较平展，中部凹陷，边缘不规则，表面有褶皱，淡红褐色，边缘较浅，中间颜色加深，为深褐色或深红色，新鲜时表面具有一定黏性。菌肉较厚，乳白色或淡黄色。菌褶延生，乳白色，等长。菌柄长5～12cm，粗1～3cm，白色，从上至下逐渐变粗。

微观特征：孢子（6.5～9.5）μm ×（4.5～7.0）μm，窄椭圆形，有小疣，无色。

生境：夏、秋季单生或群生于阔叶林或针叶林地上。

分布：亚洲、欧洲和北美洲。

食药用价值：可食用，味道温和。

12. 灰褐红菇

Russula gracillima Jul. Schäff.

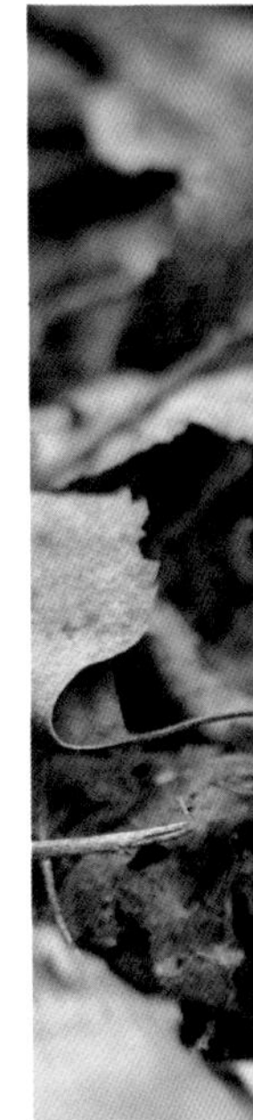

宏观特征：菌盖宽4～6cm，凸，然后很快变平，深红色至深粉红色，湿润时光滑和黏稠，边缘完整。菌褶密集，近离生，淡奶油黄色，等长。菌柄长4～6cm，粗1～1.2cm，白色，触碰后略深粉红色。

微观特征：孢子（7.5～9.0）μm ×（6.0～7.5）μm，卵形，表面有疣状物，近无色。

生境：夏、秋季单生于阔叶林地上。

分布：亚洲、欧洲和北美洲。

食药用价值：尚不明确。

13. 淡味红菇

Russula nauseosa (Pers.) Fr.

宏观特征：菌盖宽5.5～10.5cm，初期半球形，后平展，内卷，近似碟状或杯状，表面不黏，边缘有时有不明显的短条纹，中部色深至深紫色，有时为浅褐色或肉粉色。菌肉较薄或稍厚，易碎，微泛黄。菌褶白色，干燥时为淡黄色，直生，等长，偶有分叉。菌柄长3～8cm，粗1～2.5cm，中空，基部较粗。

微观特征：孢子（7.0～11.5）μm ×（6.0～7.5）μm，近椭圆形，无色或浅黄色。

生境：夏、秋季单生或群生于针叶林或阔叶林中草地上。

分布：亚洲和欧洲。

食药用价值：可食用。

14. 淡孢红菇

Russula pallidospora J. Blum ex Romagn.

宏观特征：菌盖宽3～7cm，初期扁半球形，后渐平展至中部下凹，乳白色至污白色，中部浅灰绿色至浅灰褐绿色，平滑，边缘有放射状的棱纹，表皮易剥离。菌肉白色，较厚，质脆。菌褶较密，直生，初白色，后淡黄色。菌柄长2.5～5cm，粗0.5～2cm，污白色，内部松软，易碎。

微观特征：孢子（5.5～7.5）μm ×（5.0～6.0）μm，近球形或倒卵形，表面具疣突，无色。

生境：夏、秋季单生或群生于阔叶林地上。

分布：亚洲和欧洲。

食药用价值：尚不明确。

15. 牧场红菇

Russula pascua (F.H. Møller & Jul. Schäff.) Kühner

宏观特征： 菌盖宽5～7.5cm，半球形，渐平展，橙黄色。菌肉白色。菌褶直生，乳白色，等长。菌柄长5.5～10.5cm，粗1～1.8cm，白色，圆柱状，基部膨大。

微观特征： 孢子（6.0～7.0）μm ×（4.5～5.0）μm，椭圆形，有小刺，无色。

生境： 夏、秋季单生或群生于阔叶树及针阔混交林中地上。

分布： 世界广泛分布。

食药用价值： 尚不明确。

16. 桃红菇

Russula persicina Krombh.

宏观特征：菌盖宽3～12cm，菌盖平展至中部稍下凹，呈漏斗状、半球状，桃红色或黄色。菌肉白色。菌褶直生至稍延生，通常呈白色和黄色。菌柄长4～8cm，粗1～1.5cm，中空，脆，通常呈粉红色、红色和白色。

微观特征：孢子（6.5～9.0）μm ×（6.0～7.5）μm，长圆形，有小刺或疣，近无色。

生境：夏、秋季单生、散生或群生在针阔混交林地上。

分布：亚洲、非洲和北美洲。

食药用价值：可食用性差，尝起来很辣。

17. 血红菇

Russula sanguinea Fr.

宏观特征：菌盖宽2～10cm，初期中部凸起，后期平展，中间浅凹陷，表面有黏性，鲜红色至暗红色。菌肉白色，厚。菌褶直生或稍延生，等长，黄白色，较稀疏。菌柄长3～10cm，粗1.5～2.5cm，圆柱状，上下等粗，白色带粉红色。

微观特征：孢子（7.0～9.0）μm ×（6.0～7.5）μm，宽椭圆形，表面有小疣，无色。

生境：夏、秋季单生或群生于针叶林或针阔混交林地上。

分布：亚洲、欧洲、非洲和北美洲。

食药用价值：药用，可抗细菌、抑制肿瘤、祛风湿、止血、止痒。

18. 亚臭红菇

Russula subfoetens W.G. Sm.

宏观特征：菌盖宽5.5～15cm，初期扁半球形，暗土黄色、黄褐色，后期平展，近中央部位稍凹陷，中部颜色较深，红棕色或暗褐色，湿时稍黏，边缘稍内卷，具明显棱状条纹。菌肉白色，干后淡黄色，肉质较厚。菌褶弯生或直生，初期为白色，老后或干后为淡黄色或淡黄褐色，等长，具横脉。菌柄长5.5～15cm，粗1.5～3.5cm，圆柱形，向下渐细，初白色，近基部呈淡黄褐色，老后灰白色。

微观特征：孢子（8.0～9.0）μm ×（7.0～8.5）μm，球形、近球形至宽椭圆形，具分散小疣，近无色。

生境：夏、秋季单生或散生于松林或针阔混交林地上。

分布：亚洲、欧洲、非洲和北美洲。

食药用价值：尚不明确。

19. 变绿红菇

Russula virescens (Schaeff.) Fr.

宏观特征：菌盖宽5～15.5cm，初期为半球形，后期渐平展，中间凹陷，绿色至黄绿色。菌肉白色。菌褶直生，白色，等长。菌柄长3～9cm，粗2～4cm，白色，上下等粗。

微观特征：孢子（6.5～9.5）μm ×（5.5～7.0）μm，椭圆形至近球形，表面有小刺，无色。

生境：夏、秋季散生或群生于阔叶林或混交林地上。

分布：亚洲、欧洲和北美洲。

食药用价值：可食用。

20. 黄孢红菇

Russula xerampelina (Schaeff.) Fr.

宏观特征：菌盖宽4～12cm，初期扁半球形，后平展或中部浅凹，鲜时黏，边缘平滑，有不明显条纹，初期颜色较浅，边缘为淡黄色，中间色深，成熟后为深褐紫色。菌肉白色，伤后变淡黄色或黄色。菌褶直生，稍密，乳白色或淡黄色，后变淡黄褐色，等长，或时有分叉。菌柄长5～8cm，粗1～3cm，白色，中实，基部较粗。

微观特征：孢子（8.5～10.5）μm ×（7.5～8.5）μm，近球形，有小疣，淡黄色。

生境：夏、秋季单生或群生于针叶林或针阔混交林地上。

分布：亚洲、欧洲、非洲和北美洲。

食药用价值：可食用。可药用，含有抗癌物质，可抑制肿瘤。

四、韧革菌科 Stereaceae

血痕韧革菌

Stereum sanguinolentum (Alb. & Schwein.) Fr.

宏观特征： 子实体革质，无柄。菌盖（1～2.5）cm ×（0.5～1.5）cm，平伏反卷，表面黄褐色，有绒毛和纵向皱褶。子实层光滑，浅灰黄色，触伤分泌红色汁液。

微观特征： 孢子（6.5～7.5）μm ×（2.5～3.5）μm，圆柱形，无色。

生境： 生于冷杉、云杉及铁杉等活立木的树皮、倒木或枯立木上。

分布： 亚洲、欧洲、非洲、南美洲和北美洲。

食药用价值： 尚不明确。

第十一节　革菌目 Thelephorales

革菌科 Thelephoraceae

1. 头花革菌

Thelephora anthocephala (Bull.) Fr.

宏观特征：子实体丛生，直立，韧革质，分枝，高3～5cm。菌柄柱形，长2～3cm，粗0.2～0.3cm，有细长毛，粉灰褐色，干时呈深褐色，上部有许多裂片，顶部棕灰色，呈撕裂状，平滑。

微观特征：孢子（6.0～9.0）μm ×（6.0～7.5）μm，有瘤状疣，近球形。

生境：夏、秋季群生或丛生于针阔混交林地上。

分布：亚洲、欧洲和北美洲。

食药用价值：尚不明确。

2. 石竹色革菌

Thelephora caryophyllea (Schaeff.) Pers.

宏观特征：菌盖宽1～4.5cm，漏斗形，上面紫褐色或暗褐色，有条纹，边缘颜色较浅，表面粗糙，不黏。无菌褶。菌柄较细，长3.5～5cm，粗0.3～0.5cm，深褐色。

微观特征：孢子（7.0～8.0）μm ×（5.0～6.0）μm，不规则近似卵形，表面有小刺，紫黑色。

生境：夏、秋季散生或群生于针叶林地上，与树林形成外生菌根。

分布：亚洲、欧洲和北美洲。

食药用价值：尚不明确。

第二章
银耳纲 Tremellomycetes

银耳目 Tremellales

银耳科 Tremellaceae

叶状银耳
Phaeotremella frondosa (Fr.) Spirin & Malysheva

宏观特征： 子实体高2~7cm，宽4~20cm，叶状，无柄，肉胶状。单叶片宽2~5cm，厚0.1~0.2cm，表面光滑，潮湿，浅棕色至深棕色，向附着点起皱。

微观特征： 孢子（5.0~8.5）μm ×（4.0~6.0）μm，椭圆形，无色。

生境： 春、秋季簇生于阔叶树枯木上。

分布： 亚洲和北美洲。

食药用价值： 尚不明确。

太行山区野生蘑菇图鉴（第一卷）

第二篇

子囊菌门

Ascomycota

第一章 锤舌菌纲 Leotiomycetes

第一节　柔膜菌目 Helotiales

绿杯盘菌科 Chlorociboriaceae

小孢绿杯盘菌

Chlorociboria aeruginascens (Nyl.) Kanouse

宏观特征：子囊盘宽0.3～0.6cm，盘形至贝壳形。子实层表面深蓝绿色。囊盘被深绿色或稍淡，边缘稍内卷或波状，光滑。菌柄长0.1～0.5cm，粗0.1～0.2cm，常偏生至近中生。

微观特征：子囊孢子（6.0～8.0）μm ×（1.0～2.0）μm，椭圆形至梭形，稍弯曲，无色。

生境：夏、秋季群生于腐木上。

分布：亚洲、欧洲、南美洲、北美洲和大洋洲。

食药用价值：尚不明确。

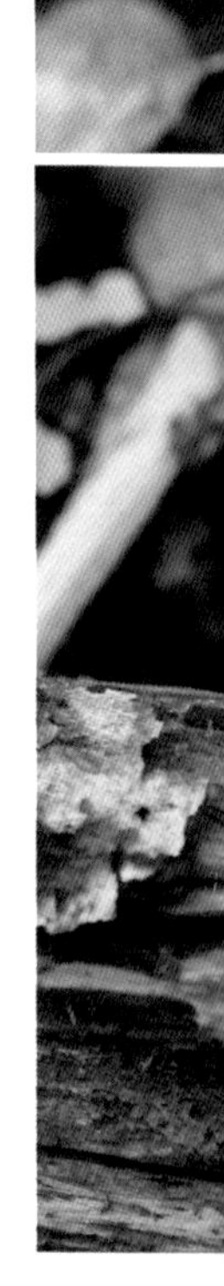

第二节　斑痣盘菌目 Rhytismatales

地锤菌科 Cudoniaceae

地匙菌

Spathularia flavida Pers.

宏观特征：子实体高3～5cm，宽1～1.5cm，上部可育部分呈铲形，浅黄色至黄色，新鲜时湿润。菌肉较薄，淡黄色。菌柄长1～3cm，粗0.2～0.4cm，近圆柱形，污白色。

微观特征：子囊孢子（30～75）μm ×（2.0～3.0）μm，针状，无色至淡黄色。

生境：夏、秋季单生或群生于针阔叶混交林地上。

分布：亚洲、欧洲和北美洲。

食药用价值：有记载可食用。

第二章
盘菌纲 Pezizomycetes

目前我们在太行山区发现，鉴定出来的为盘菌目下马鞍菌科、羊肚菌科、侧盘菌科、盘菌科、肉杯菌科等物种。

一、马鞍菌科 Helvellaceae

1. 皱马鞍菌
Helvella crispa (Scop.) Fr.

宏观特征：子囊盘宽2～4cm，近马鞍形，成熟后常呈不规则瓣片状，白色到淡黄色，有时带灰色，边缘与柄不相连。子实层生于菌盖上表面，常有褶皱。菌柄长5～6cm，粗1～2cm，有纵棱及深槽形陷坑，棱脊缘窄而往往交织，与菌盖同色。

微观特征：子囊孢子（14～20）μm×（10～15）μm，宽椭圆形，无色。

生境：夏、秋季单生或群生于阔叶林地上。

分布：亚洲、欧洲和北美洲。

食药用价值：可食用，也有报道为胃肠炎型、溶血型毒蘑菇。

2. 丹麦马鞍菌

Helvella danica Skrede

宏观特征：子囊盘具柄，钟形或无规则的叶状。菌盖向内弯曲至包裹菌柄，但与菌柄分离，宽2.0～3.5cm，高1.5～2.5cm。内囊盘被棕黄色，表面光滑，外囊盘被灰白色。菌柄较短，长1.5～3.0cm，粗0.5～1.0cm，白色至黄色，中空，通常在基部有凹槽。

微观特征：子囊孢子（18～20）μm ×（11～14）μm，椭圆形，中央具大油滴无色。

生境：夏季单生或群生于阔叶林地上。

分布：亚洲和欧洲。

食药用价值：尚不明确。

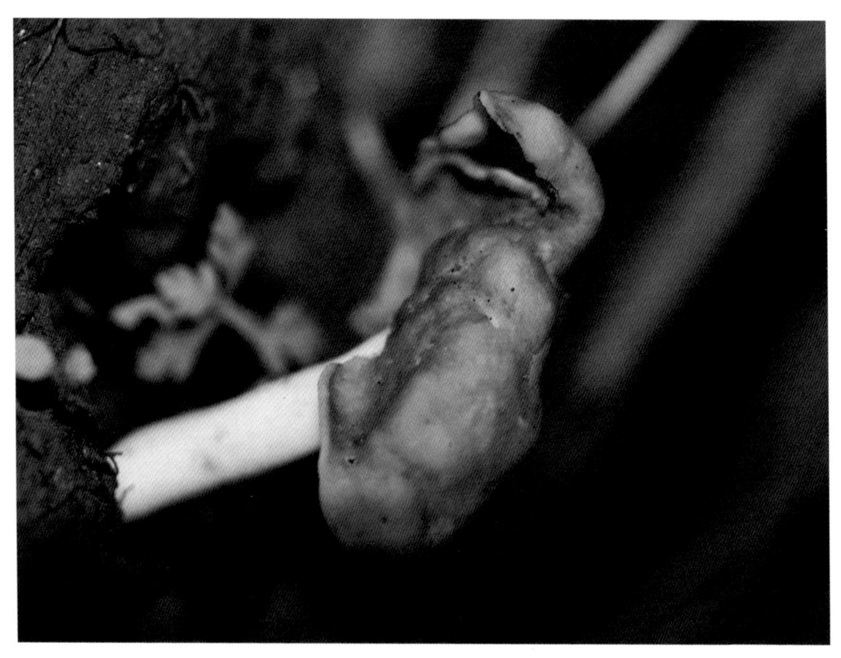

3. 柔毛马鞍菌

Helvella pubescens Skrede

宏观特征： 子囊盘具柄，近马鞍形。菌盖向上弯曲至折叠，略微扁，宽2.0～2.5cm，高0.8～1.3cm。内囊盘被灰色至黑褐色，外囊盘被棕黑色，粗糙，具短柔毛。菌柄纤细，长2.2～3.2cm，粗0.3～0.6cm，圆柱形，黄色至棕黄色，中实，基部有不明显的凹槽，具短柔毛。

微观特征： 子囊孢子（15～19）μm ×（10～14）μm，椭圆形，无色。

生境： 夏季单生或群生于长有苔藓的腐木旁。

分布： 亚洲、欧洲和北美洲。

食药用价值： 尚不明确。

二、羊肚菌科 Morchellaceae

杨氏羊肚菌

Morchella yangii X.H. Du

宏观特征：菌盖高2～4.5cm，宽1～2cm，不规则椭圆形至直接的圆锥形，表面形成许多凹坑，似羊肚状，淡黄褐色。菌柄长1.5～4.5cm，粗1～1.5cm，棒形或略似棒形，白色至淡黄色，中空，表面具有白色至淡黄色的小颗粒，基部稍膨大。

微观特征：子囊孢子（15～20）μm ×（9.0～12）μm，椭圆形，无色。

生境：春末、夏初散生或群生于杨树林下。

分布：亚洲。

食药用价值：重要经济食用菌。

三、侧盘菌科 Otideaceae

革侧盘菌

Otidea alutacea (Pers.) Massee

宏观特征：子实体宽2～9cm，高3～7cm，杯状，棕色，边缘为不规则波浪形，外表淡至浅棕色，略带颗粒，内部多数为深棕色。菌肉较薄，胶质，棕褐色。

微观特征：子囊孢子（14～16）μm ×（6.0～9.0）μm，椭圆形，无色。

生境：春至秋季生于阔叶林或针阔混交林地上。

分布：亚洲、欧洲、非洲和北美洲。

食药用价值：尚不明确。

四、盘菌科 Pezizaceae

1. 地菇状马蒂菌

Mattirolomyces terfezioides (Mattir.) E. Fisch.

宏观特征：子囊果半地下生或浅土层表生，近球形或不规则脑状或块状，表面常有开裂，宽2.0～10cm，呈白色或黄白色，表面被白色棉毛（在开裂的沟槽处明显），基部有长或不明显的白色“假根”。产孢组织中实，幼时乳白色，成熟时浅褐色。

微观特征：子囊孢子11～15μm，球形，无色至浅黄褐色。

生境：夏、秋季埋生或半埋生在阔叶林地下。

分布：亚洲和欧洲。

食药用价值：可食用。

2. 米歇尔盘菌

Paragalactinia michelii (Boud.) Van Vooren

宏观特征： 子实体幼时酒杯形至杯形，后变成碟形，宽0.5～3cm。上表面秃，淡紫色至紫色。下表面秃或极细颗粒状，初近白色，逐渐变黄。无柄，在中心位置附着在基质上。

微观特征： 子囊孢子（13～17）μm ×（7.0～9.0）μm，椭圆形，成熟时具疣，无色。

生境： 夏、秋季单生或散生于林地或沙地上。

分布： 亚洲、欧洲、北美洲和大洋洲。

食药用价值： 尚不明确。

五、肉杯菌科 Sarcoscyphaceae

1. 白色肉杯菌

Sarcoscypha vassiljevae Raitv.

宏观特征：子囊盘杯形至盘状，柄大部分偏心附着，宽1.5～6cm。新鲜时子实层脏白色、奶油色、白色、米色至浅米色。

微观特征：子囊孢子（17～25）μm ×（9.0～12）μm，椭圆形至长椭圆形，完全成熟时表面近光滑、无色。

生境：夏、秋季单生或群生于腐木或腐殖质上。

分布：亚洲、欧洲、北美洲和大洋洲。

食药用价值：可食用。

2. 黑口红盘菌

Plectania melastoma (Sowerby) Fuckel

宏观特征：子实体宽0.5～3cm，碗状，内部棕黑色，外部橘棕色至黄棕色，覆棕色短刚毛，无柄。

微观特征：子囊孢子（8.0～12）μm ×（6.0～8.5）μm，宽椭圆形至卵圆形，表面有小疣，褐色。

生境：夏、秋季单生或群生于阔叶林或针叶林地上。

分布：亚洲、欧洲、北美洲和大洋洲。

食药用价值：尚不明确。

第三章 粪壳菌纲 Sordariomycetes

第一节 肉座菌目 Hypocreales

虫草科 Cordycipitaceae

蛹虫草

Cordyceps militaris (L.) Fr.

宏观特征： 子座单生或数个一起从寄生蛹体的头部或节部长出，一般不分枝，偶尔分枝，橘黄色或橘红色，高3～5cm，头部呈棒状，长1～2cm，粗0.3～0.5cm，表面粗糙。子座柄部近圆柱形，长2.5～4cm，粗0.2～0.4cm，中实。

微观特征： 子囊孢子（2.0～5.0）μm ×（1.0～1.5）μm，圆柱形至梭形，无色。

生境： 夏、秋季单生或群生于阔叶树林地内土层中的鳞翅目昆虫蛹上。

分布： 亚洲、欧洲和北美洲。

食药用价值： 食药兼用。

第二节　炭角菌目 Xylariales

一、炭团菌科 Hypoxylaceae

液状胶球炭壳菌

Entonaema liquescens Möller

宏观特征： 子实体宽5～6cm，不规则球形，基部狭缩，空心，新鲜时胶质，富有弹性，橙黄色至红褐色，平滑，表面有黑点。皮壳黑色，其外表系橙黄色的薄膜，内侧有液体状的胶质层。

微观特征： 子囊孢子（8.5～11）μm ×（5.5～6.5）μm，椭圆形，褐色。

生境： 夏、秋季丛生于多种树木腐木上。

分布： 亚洲、南美洲和北美洲。

食药用价值： 尚不明确。

二、炭角菌科 Xylariaceae

条纹炭角菌

Xylaria grammica (Mont.) Mont.

宏观特征：子实体高2～13cm，粗0.4～1cm，初期灰黑色，后期呈黑色，柄部长1～7cm，粗0.2～0.5cm，单根或上部有分枝，顶端钝圆，初期淡黄色至黄色，后期呈灰黑色，表面有黑色条纹和纵向裂纹，内部疏松，后空心。

微观特征：子囊孢子（5.0～7.0）μm ×（1.5～3.5）μm，梭状，无色。

生境：夏、秋季群生或散生于阔叶树腐木上。

分布：世界广泛分布。

食药用价值：尚不明确。

参考文献

[1] 戴玉成，图力古尔，崔宝凯，等. 中国药用真菌图志[M]. 哈尔滨：东北林业大学出版社，2013.

[2] 戴玉成，杨祝良. 中国药用真菌名录及部分名称的修订[J]. 菌物学报，2008，12（6）：801-824.

[3] 韩冰雪. 吉林省腹菌类物种多样性编目[D]. 长春：吉林农业大学，2016.

[4] 黄梅. 东北地区鬼伞类真菌分类与分子系统学研究[D]. 长春：吉林农业大学，2019.

[5] 黄年来. 中国大型真菌原色图鉴[M]. 北京：中国农业出版社，1998.

[6] 刘浩宇. 泰山红菇属（*Russula*）种类研究[D]. 泰安：山东农业大学，2019.

[7] 李茹光. 吉林省真菌志（第一卷）担子菌亚门[M]. 长春：东北师范大学出版社，1991.

[8] 刘淑琴，王浩豪，武艳群，等. 下迪铦囊蘑（*Melanoleuca dirensis*）——铦囊蘑属中国新记录种[J]. 东北林业大学学报，2022，50（7）：77-80.

[9] 刘铁志，李桂林. 内蒙古赛罕乌拉大型菌物图鉴[M]. 赤峰：内蒙古科学技术出版社，2019.

[10] 李玉，李泰辉，杨祝良，等. 中国大型菌物资源图鉴[M]. 北京：中国农业出版社，2015.

[11] 卯晓岚. 中国经济真菌[M]. 北京：科学出版社，1998.

[12] 卯晓岚. 中国大型真菌[M]. 郑州：河南科学技术出版社，2000.

[13] 申露露. 中国波斯特孔菌属及近缘属的分类与系统发育研究[D]. 北京：北

京林业大学，2017.
[14] 图力古尔，包海鹰，李玉. 中国毒蘑菇名录[J]. 菌物学报，2014，33(3)：517-548.
[15] 图力古尔，王建瑞，崔宝凯，等. 山东省大型真菌物种多样性[J]. 菌物学报，2013，32（4）：643-670.
[16] 王锋尖. 鄂西地区大型真菌多样性研究[D]. 长春：吉林农业大学，2019.
[17] 王术荣，刘淑琴，孟俊龙，等. 山西太行山地区铦囊蘑属两新种（英文）[J]. 菌物学报，2022，41（12）：1921-1931.
[18] 王雪珊. 内蒙古罕山国家级自然保护区大型真菌多样性研究[D]. 长春：吉林农业大学，2020.
[19] 徐江. 中国光柄菇属和小包脚菇属分类学研究[D]. 广州：华南理工大学，2016.
[20] 谢孟乐. 东北地区丝膜菌属资源及分类学研究[D]. 长春：吉林农业大学，2018.
[21] 杨思思，图力古尔，李泰辉. 采自吉林省的中国光柄菇属新记录(英文)[J]. 菌物学报，2011，30（5）：794-798.
[22] 张树庭，卯晓岚. 香港蕈菌[M]. 香港：香港中文大学出版社，1995：169-170.
[23] 张雪岳. 贵州食用真菌和毒菌图志[M]. 贵阳：贵州科技出版社，1991.
[24] Crous P，Cowan D，Maggs-Kölling G. Fungal planet description sheets：1112-1181[J]. Persoonia，2020，45：251-409.
[25] Ďuriška O，AntonÍn V，Para R，et al. Taxonomy，ecology and distribution of *Melanoleuca strictipes* (Basidiomycota，Agaricales) in Europe[J]. Czech mycology，2017，69（1）：15-30.

[26] Ferisin G, Dovana F, Justo A. Pluteus bizioi (Agaricales, pluteaceae), a new species from italy[J]. Phytotaxa, 2019, 408 (2) : 99-108.

[27] He M, Zhao R, Hyde K, et al. Notes, outline and divergence times of Basidiomycota[J]. Fungal diversity, 2019, 99 (1) : 105-367.

[28] Justo A, Vizzini A, Minnis A M, et al. Phylogeny of the Pluteaceae (Agaricales, Basidiomycota): taxonomy and character evolution[J]. Fungal biology, 2011, 115 (1) : 1-20.

[29] Kaygusuz O, Knudsen H, Menolli N, et al. *Pluteus* anatolicus (Pluteaceae, Agaricales): a new species of Pluteus sect. Celluloderma from Turkey based on both morphological and molecular evidence[J]. Phytotaxa, 2021, 482 (3) : 240-250.

[30] Menolli N, Asai T, Capelari M. Records and new species of *Pluteus* from Brazil based on morphological and molecular data[J]. Mycology, 2010, 1 (2) : 130-153.

[31] Pegler D. Agaric flora of the Lesser Antilles[M]. Kew bulletin (additional series) , 1983: 1-668.

[32] Pei Y, Guo H, Liu T, et al. Three new *Melanoleuca* species (Agaricales, Basidiomycota) from north-eastern China, supported by morphological and molecular data[J]. Mycokeys, 2021, 80: 133-148.

[33] Qi Z, Qian K, Hu J, et al. A new species and new records species of *Pluteus* from Xinjiang Uygur Autonomous Region, China[J]. PeerJ, 2022, 10: e14298.

[34] Tian E J, Gao C H, Xie X M, et al. *Stropharia lignicola* (Strophariaceae, Agaricales), a new species with acanthocytes in the hymenium from China[J]. Phytotaxa, 2021, 505 (3): 286-296.

[35] Wannathes N, Suwannarach N, Khuna S, et al. Two novel species and two new records within the genus *Pluteus* (Agaricomycetes, Agaricales) from Thailand[J]. Diversity, 2022, 14 (3): 156.

[36] Wu F, Zhou L W, Yang Z L, et al. Resource diversity of Chinese macrofungi: edible, medicinal and poisonous species[J]. Fungal diversity, 2019, 98: 1-76.

[37] Xu J, Yu X, Lu M, et al. Phylogenetic analyses of some *Melanoleuca* species (Agaricales, Tricholomataceae) in Northern China, with descriptions of two new species and the identification of seven species as a first record[J]. Frontiers in microbiology, 2019, 10: 2167.

[38] Yang C, Bang F, Gang W. Porcini mushrooms (*Boletus* sect. Boletus) from China[J]. Fungal Diversity, 2016, 81 (1): 189-212.